Photoshop CC 实例教程

设计·制作·印刷·商业模板

微课视频版

李 宏 编著

清华大学出版社
北京

内 容 简 介

本书内容较为全面，提炼了 Photoshop 软件的核心知识点，站在初学者的角度进行详细讲解，采用"学练结合"的教学方式，先介绍基础的知识点，再用图文并茂的讲解方式剖析实例的操作步骤，让读者在动手实践中理解软件的功能和操作技巧，直观易懂，实用且高效。读者学习本书后既能掌握软件的操作，又能够应对工作中的常见问题并快速提高实战能力。

本书精选的典型实例涵盖了 Photoshop 的重要技法，案例实用，操作性强，并附赠案例源文件和教学视频。无论读者想要进行照片修图、标志设计、广告设计、UI 设计、包装设计、产品设计，还是排版输出，学习本书后都能够轻松应对。

本书适合广大Photoshop初级、中级用户，以及有志于从事平面设计、广告设计、电商设计、产品设计、包装设计、网页制作等相关工作的人员阅读，也可作为培训机构、大中专院校相关专业的教学辅导用书。

图书在版编目（CIP）数据

Photoshop CC 实例教程：设计·制作·印刷·商业模板·微课视频版 / 李宏编著 . —北京：清华大学出版社，2021.9

　　ISBN 978-7-302-59001-9

　　Ⅰ．① P… 　Ⅱ．①李… 　Ⅲ．①图像处理软件－教材 　Ⅳ．① TP391.413

　　中国版本图书馆 CIP 数据核字 (2021) 第 176415 号

责任编辑：刘向威　李　燕
封面设计：文　静
责任校对：徐俊伟
责任印制：杨　艳

出版发行：清华大学出版社
　　　　　　网　　　址：http://www.tup.com.cn，http://www.wqbook.com
　　　　　　地　　　址：北京清华大学学研大厦 A 座　　　　　　　邮　　编：100084
　　　　　　社 总 机：010-62770175　　　　　　　　　　　　邮　　购：010-83470235
　　　　　　投稿与读者服务：010-62776969，c-service@tup.tsinghua.edu.cn
　　　　　　质 量 反 馈：010-62772015，zhiliang@tup.tsinghua.edu.cn
印 装 者：三河市君旺印务有限公司
经　　销：全国新华书店
开　　本：185mm×260mm　　　　　　**印　张：**17　　　　**字　数：**382 千字
版　　次：2021 年 9 月第 1 版　　　　　**印　次：**2021 年 9 月第 1 次印刷
印　　数：1 ～ 3000
定　　价：89.00 元

产品编号：092465-01

前　言

　　面对竞争日益激烈的社会，如何才能成为乘风破浪的时代骄子，而不是随波逐流的平庸之辈？《论语·卫灵公》中说："工欲善其事，必先利其器。"要成为一名优秀的设计师，除了需要具备一定的艺术理论素养，还必须掌握一款专业的设计软件，Photoshop无疑是不二选择。

　　Photoshop作为一款优秀的图形图像处理软件，功能众多、包罗万象，可以广泛应用于广告摄影、海报设计、照片修图、插画设计、产品设计等行业，无论是从事设计工作的专业人士，还是普通爱好者，都能够轻松学习并掌握基本的使用。

　　笔者从事设计教学工作十余年，在教学与实践过程中常思考如何写一本简单易学、通俗易懂、人人都能够受益的Photoshop书籍。本书即是一本综合实战型的Photoshop教程，除了有理论知识、工具、抠图、合成、调色、图层、通道、蒙版、滤镜等技法原理的讲解，还有各个设计领域实战案例的讲解。

本书特色

　　1. 配套视频讲解，随时随地看视频

　　本书配备了大量的同步教学视频，涵盖全书几乎所有实例，通过微信扫一扫，可以随时随地看视频，让学习更轻松、更高效！

　　2. 实战性强，零基础快速上手

　　本书选择目前应用性较强的实例进行讲解。Photoshop命令繁多，全部掌握需要较多时间。零基础学习Photoshop进行修图、数码照片处理、网页设计、平面设计等的读者，不必耗时费力学习Photoshop的全部功能，只需根据本书的建议进行学习即可。

　　3. 内容全面，注重学习规律

　　本书涵盖了Photoshop几乎所有工具、命令等常用的相关功能，同时采用"理论介绍+实例练习+综合实例+线上视频"的模式编写，符合轻松易学的学习规律。

　　4. 实例丰富多样，强化动手能力

　　在介绍功能的同时注重"动手练"，便于读者学习理论时动手操作，通过实例理解功能作用。"举一反三"巩固知识，在练习某个功能时触类旁通。

　　5. 精美效果，注重审美熏陶

　　Photoshop 只是工具，设计出好的作品一定要有美的意识。本书案例效果精美，目的是加强对美感的熏陶和培养。

想要掌握一项技能，首先，在学习的过程中不能畏惧，不要被繁多的工具所吓倒；其次，努力提高兴趣点，自己动手修图美化照片，这样既能强化知识结构，又能激发追求新知识的欲望；最后，学而时习之，练习之后要注意总结，每隔一段时间后还要重复练习，以巩固知识点。只要坚持不懈，在不知不觉中，就会很轻松地掌握所学的知识。当然，在学习软件的过程中不仅要掌握技术，更不能缺少创意和艺术感，只有这样才能创作出精彩的作品。

"人生从不嫌弃太年轻或者太老，一切刚刚好。"学习知识不分早晚，把握好此刻学习的好时光。在学习的路上有我和你、你和他、他和我，在当下使劲，只争朝夕、不负韶华，一切刚刚好。

2021年8月

目　录

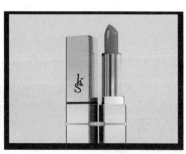

第1章
Photoshop
轻松入门

本章主要介绍Photoshop的基本概要、工作界面的主要特点以及相关的专业术语，使读者了解Photoshop工作界面的显示模式，并重点理解Photoshop的相关专业术语。

1.1 Photoshop概述

本节主要介绍广泛应用Photoshop的领域，以及Photoshop众多出色的特点，让读者对Photoshop软件有个全面的认识。

1.1.1 Photoshop的应用

Photoshop是一款功能强大的平面图像编辑软件，作为Adobe家族中人气很高的一员，Photoshop有很多功能，在图像、图形、文字、视频、出版等多个领域均有涉及，主要应用于以下方面。

1. 平面设计

平面设计是Photoshop应用最为广泛的领域，无论是我们正在阅读的图书封面，还是大街上看到的招贴、海报，这些具有丰富图像的平面印刷品，基本上都需要Photoshop软件对图像进行处理。使用Photoshop进行平面设计的作品如图1-1所示。

2. 修复照片

Photoshop具有强大的图像修复功能，利用这些功能，可以快速修复一张破损的老照片，也可以修复人脸上的斑点等。

3. 广告摄影

广告摄影作为一种对视觉要求非常严格的工作，其最终成品往往要经过Photoshop的处理才能得到满意的效果，如图1-2所示。

4. 影像创意

影像创意是Photoshop的特长，通过Photoshop的处理可以将原本风马牛不相及的对象组合在一起，也可以使用"狸猫换太子"的手段使图像发生巨大变化。

图1-1

图1-2

5. 艺术文字

当文字遇到Photoshop，就已经注定其样式不再普通。利用Photoshop可以使文字发生各种各样的变化，并利用这些艺术化处理后的文字为图像增加效果。

6. 网页制作

网络的普及是促使更多人需要掌握Photoshop的一个重要原因。因为在制作网页和电商广告时，Photoshop是必不可少的，如图1-3所示。

图1-3

7. 建筑效果图后期修饰

在制作建筑效果图，甚至包括许多三维场景时，人物、背景、场景的颜色常常需要在Photoshop中调整。

8. 绘画

由于Photoshop具有良好的绘画与调色功能，许多插画设计师采用先用铅笔绘制草稿，然后用Photoshop填色的方法来绘制插画。 除此之外，近些年来非常流行的像素画也多为设计师使用Photoshop创作的作品。使用Photoshop创作的绘画作品如图1-4所示。

9. 绘制或处理三维贴图

在三维软件中，如果能够制作出精良的模型，而无法为模型应用逼真的贴图，也无法得到较好的渲染效果。实际上，在制作材质时，除了要三维软件本身具有材质功能外，能够利用Photoshop制作在三维软件中无法制作出的合适的材质也非常重要。

10. 婚纱照片设计

当前越来越多的婚纱影楼开始使用数码相机，这也使婚纱照片设计成为一个流行的行业。婚纱照片设计如图1-5所示。

图1-4

图1-5

11. 视觉创意与设计

视觉创意与设计是设计艺术的一个分支，此类设计通常没有非常明显的商业目的，但由于其为广大设计爱好者提供了广阔的设计空间，因此越来越多的设计爱好者开始学习Photoshop，并进行具有个人特色与风格的视觉创意与设计。

12. 图标制作

虽然使用Photoshop制作图标有些"大材小用"，但使用Photoshop制作的图标的确非常精美。

13. UI设计

UI设计是一个新兴的领域，其受到越来越多的软件企业及开发者的重视。当前绝大多数设计者进行UI设计使用的都是Photoshop软件，UI设计如图1-6所示。

图1-6

上述列出了Photoshop应用的多个领域，但实际上其应用不止上述领域。例如，目前的影视后期制作及二维动画制作中，Photoshop也有所应用。

PS 1.1.2　Photoshop的特色

从功能上看，Photoshop可分为图像编辑、图像合成、校色调色及特效制作几部分。图像编辑是Photoshop的基础功能，利用该功能可以对图像做各种变换，如放大、缩小、旋转、倾斜、镜像、透视等，也可以进行复制、去除斑点、修补图像、修饰图像的残损等。这些在婚纱摄影、人像处理中有非常大的用处，通过修饰人物，美化加工，得到让人非常满意的效果，如图1-7所示。

图1-7

图像合成是指将几幅图像通过图层操作和工具应用合成完整的、传达明确意义的一幅图像，这是美术设计的必经之路。利用Photoshop提供的绘图工具让外来图像与创意很好地融合，使图像合成得较为完美，如图1-8所示。

图1-8

校色调色是Photoshop的重要功能之一。利用校色调色功能可方便、快捷地对图像的颜色进行明暗、色别的调整和校正，也可让图像在不同颜色间进行切换，以满足图像在不同领域，如网页设计、印刷、多媒体等的使用需求，如图1-9所示。

图1-9

特效制作在Photoshop中主要由滤镜、通道及工具的综合应用来完成。图像的特效创意和特效字的制作，如油画、浮雕、石膏画、素描等常用的传统美术作品的效果，都可由Photoshop来制作，利用Photoshop可进行各种特效字的制作更是很多美术设计师热衷于Photoshop的原因，如图1-10所示。

图1-10

1.2　Photoshop的工作界面

本节主要介绍Photoshop的典型界面、图像窗口、屏幕显示模式、工具栏面板、快捷键、"颜色"面板、"学习"面板与"隐藏"面板。

PS 1.2.1　典型界面

首先认识Photoshop CC 2020的工作界面，默认工具栏是单排显示，为了方便讲解，单击工具栏左上方的小三角形按钮■，让工具栏双排显示。图1-11所示为典型的工作界面。

（1）菜单栏：包括文件、编辑、图像、图层、文字、选择、滤镜、3D、视图、窗口、帮助11个项目，大部分命令都存放在菜单栏中，菜单栏就像在餐馆吃饭时用来点菜的菜谱。

图1-11

（2）**属性栏**：主要用来显示工具栏中所选工具的一些选项的属性，根据所选工具的变化而变化。

（3）**工具栏**：也称为工具箱，单击其左上方的 ■ 按钮可让其单排或双排显示，工具栏具有绘图和编辑等功能，所有常用工具基本在此处，单击工具右下角的三角形按钮可查看隐藏的工具。

（4）**浮动面板**：用来放置制作时需要的各种常用的面板，也可以称为调板区或面板，可任意删除和摆放。单击调板区左上方的 ■ 按钮隐藏历史记录，单击右上方的 ■ 按钮隐藏不常用的调板。面板在其中只显示名称，单击后才出现整个面板，这样可以有效利用空间，防止面板过多挤占处理图像的空间，如图1-12所示。

图1-12

（5）**工作区**：用来显示制作中的图像。在Photoshop中可以同时打开多幅图像进行制作，图像之间还可以互相传送数据。在打开的图像间可通过单击工作区上方的图像名称切换，也可以按Ctrl+Tab组合键完成图像切换。

除了菜单栏的位置不可变动外，其余各操作部分都是浮动的，可以自由移动，可以根据自己操作习惯安排界面。面板在移动过程中有自动对齐其他调板的功能，这可以让界面看上去比较整洁。

PS 1.2.2 图像窗口

典型的图像窗口如图1-13所示。

图1-13

（1）**标题栏**：显示文件名、缩放比例，括号内显示当前所选图层名、色彩模式、通道位数。

（2）**图像显示比例**：可通过输入数值或按住Ctrl键后左右拖动光标来改变图像的显示比例，使用其他方式更改显示比例后这里也会显示相应的数值。这里说的比例只是图像的显示比例，并不是像素重组涉及的图像尺寸。建议在100%图像显示比例下进行各种操作。

（3）**状态栏**：显示图像相关的状态信息，可通过单击图1-13中标注④红色箭头所指处的三角形按钮来选择显示何种状态信息。较常显示的为"暂存盘大小"，因为其可以显示Photoshop的内存占用量。如357.3MB/2.37GB表示Photoshop共可以使用2.37GB的物理内存，当前已经占用了357.3MB。当占用内存超过可用内存（如2.77GB/2.37GB）时，Photoshop的反应速度就会降低。因为此时需要使用硬盘模拟内存负责数据处理，硬盘的数据存取速度比内存慢了许多，导致整体处理速度下降，这在处理某些大幅面图片时尤为明显。

1.2.3　屏幕显示模式

　　Photoshop提供了3种屏幕显示模式，可按F键进行切换，包括标准模式、带菜单的全屏模式、无菜单的全屏模式，依次如图1-14～图1-16所示。两种全屏模式下只显示一幅图像，即当前正在操作的图像。如果切换到其他图像，原先的全屏状态仍然保留。在全屏模式下，图像将出现在屏幕的中心位置，可以通过工具栏中的"抓手工具"　或按H键移动图像，也可按住Space键不放拖动鼠标完成。此外，可以通过按Tab键来隐藏（或显示）所有使用中的调板。

图1-14

图1-15

图1-16

1.2.4 工具栏面板与快捷键

Photoshop的工具众多，如果全部放在工具栏中，工具栏会占用较多空间，因此将性质相近的工具放到一起，使其只占用一个图标的空间，并且在图标右下角用一个细小的箭头来加以注明。图1-17所示的"移动工具"中就包含了"移动工具"和"画板工具"两个工具。展开其他工具的方法是选中工具图标，按住鼠标左键不放，一会儿就会出现工具列表，也可以直接右击，展开工具列表。

工具名称后面的字母是该工具的快捷键，只要按下相应的快捷键就可以直接选择相应的工具。使用快捷键可以极大地加快制作的速度。在制作的过程中可以多使用快捷键提高效率，也显得专业化。

从图1-17可以看到一个问题，"移动工具"和"画板工具"的快捷键都是V键，那么怎么区分呢？以上一次用过的工具为准，如果上次使用的是"移动"，那么此时按V键就选择"移动工具"。如果上一次使用的是"移动工具"，此时要使用快捷键选择"画板工具"是不是就不可以了呢？按住Shift键再按V键，即可在"移动工具"和"画板工具"之间切换。也可以按住Alt键单击工具图标，这样不必展开工具列表就可以切换工具。

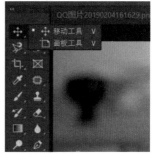

图1-17

Photoshop中很多命令有对应的快捷键。菜单栏里面相应的命令后面都有快捷键标识，这些命令的快捷键是字母键与Ctrl、Alt、Shift等键的组合。

疑问解答

快捷键使用无效怎么办？

大家可以对照相应命令后面的标识使用快捷键，但是有时在操作过程中快捷键使用无效，是因为启用了中文输入法，应该关闭中文输入法。建议在 Photoshop操作过程中关闭中文输入法。

■　自定义快捷键

所谓快捷命令，是Photoshop为了提高绘图速度定义的快捷方式，它用一个或几个简单的字母来代替常用的命令，使我们不用去记忆众多长长的命令，也不必为了执行一个命令，在菜单栏和工具栏上寻找。

除了Photoshop本身预设好的快捷键以外，也可以自己对快捷键进行设置。此外还可以对命令进行设置，既可以为常用的命令标上颜色以便快速选择，也可以隐藏一些不需要使用的项目以缩短菜单长度。设置的方法是在菜单栏中选择"编辑"→"键盘快捷键"命令，或"编辑"→"菜单"命令，还可以通过在菜单栏中选择"窗口"→"工作区"→"键盘快捷键和菜单"命令，弹出的对话框如图1-18所示。

从"组"中选择Photoshop提供的几种键盘和菜单的组合方式，也可以在下方具体的命令中修改，图1-19中将"文件"→"新建"项目修改为红色，单击"确定"按钮就对菜单栏中的"新建"命令进行了修改，再次打开菜单栏，其中的"新建"命令显示为红色，如图1-20所示。

图1-18

图1-19

图1-20

Ps 1.2.5 "颜色"面板

单击"颜色"面板，通过调节滑杆来准确设置所需要的颜色，也可以在"色板"里直接选择所需颜色，图1-21和图1-22所示分别为"颜色"面板和"色板"面板。

图1-21

图1-22

在"颜色"面板的左上角单击"展开"面板按钮后，如图1-23所示，可以查看历史记录、属性、信息等。在"颜色"面板的右上角单击"展开面板"按钮，即单击图1-24所示的红色箭头处，则展开已折叠的面板。

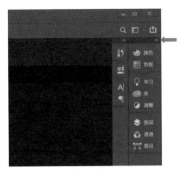

图1-23　　　　　　　　　　　　　　　　　　图1-24

PS 1.2.6　"学习"面板与折叠、隐藏面板功能

单击"颜色"面板下方的"学习"面板，里面有Photoshop CC 2020的一般操作手法，提供操作的源文件和操作步骤讲解，以及指导教程，如图1-25所示。

图1-25

为什么会有折叠、隐藏面板呢？因为在处理图像时，由于屏幕尺寸有限，处理较大图像时屏幕不够用，这时需要折叠和隐藏部分功能，空出更多空间来处理图像，这些功能面板可以随意移动、组合，方便制图。在使用中按下Tab键将隐藏除了菜单栏和图像以外所有的内容，方便整体观看图像，再次按Tab键可以恢复。

疑问解答

找不到面板怎么办？

启动Photoshop后，各个面板的摆放位置以上次退出Photoshop时的摆放位置为准。如果找不到面板，可能是因为更改屏幕分辨率等原因造成的，此时可通过在菜单栏中选择"窗口"→"工作区"→"复位基本功能"命令来将所有面板（包括工具栏）归位。

1.3　Photoshop的相关术语

本节主要介绍Photoshop的相关专业术语，包括RGB颜色模式、CMYK颜色模式、点阵图、矢量图像、文件格式，讲解基本的专业术语所表达的意思。

PS 1.3.1　RGB 颜色模式

红、绿、蓝3种颜色被称为三原色，分别用英文表示就是Red（R）、Green（G）、Blue（B）。显示器屏幕上的所有颜色都是由红、绿、蓝3种颜色按照不同的比例混合而成的。一组红色、绿色、蓝色就是一个最小的显示单位，屏幕上的任何一个颜色都可以由一组RGB值来记录和表示。

一般情况下，RGB的亮度用数字表示为从0、1、2直到255。最高数值是255，0也是数值之一，因此RGB共256级。通过计算，256级的RGB色彩共能组合出约1678万种色彩，即256×256×256=16 777 216。通常也被简称为1600万色或千万色，以及24位色（2的24次方）。

24位色还有一种称呼是8位通道色，这里的通道，实际上就是指RGB三种色光各自的亮度范围，我们知道其数值范围是0～256，256是2的8次方，就称为8位通道色。

打开Photoshop，按F6键打开"颜色"面板，图1-26中红色箭头处的色块代表前景色，其右下方的色块代表背景色。Photoshop默认前景色是黑色，背景色是白色。按D键可重设为默认颜色。

纯黑，是因为屏幕上没有任何色光存在，相当于RGB三种色光都没有发光。所以屏幕上黑色的RGB值是（0，0，0）。可调整相应滑块或直接输入数字，使色块变成黑色。

而纯白则相反，是RGB三种色光都发到最强的亮度时的颜色，所以纯白的RGB值就是（255，255，255）。

RGB模式是显示器的物理颜色模式。这就意味着无论在软件中使用何种色彩模式，在显示器上显示的图像最终以RGB颜色模式出现，如图1-27所示。

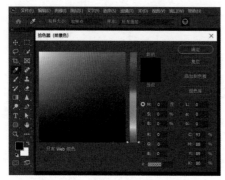

图1-26

图1-27

1.3.2　CMYK 颜色模式

CMYK是一种印刷色彩模式，也就是用来印刷的颜色模式。它和RGB相比有一个很大的不同：RGB颜色模式是一种发光的颜色模式，如在黑暗中看到灯光；CMYK是一种依靠反光的颜色模式，如阳光或灯光照射到书本上，再反射到我们的眼中，我们才看到内容。它需要外界光源，就像在黑暗环境下不能看到书本上的字。

CMY是3种印刷油墨名称的首字母：青色（Cyan）、洋红色（Magenta）、黄色（Yellow）。而K取的是black的最后一个字母，之所以不取首字母，是为了避免与蓝色（Blue）混淆。从理论上来说，只需要CMY三种油墨就足够了，它们三个加在一起就能得到黑色。但是由于目前还不能制造出高纯度的油墨，CMY相加的结果实际是一种暗红色，因此还需要加入一种专门的黑墨来调和。

总结：只要在屏幕上显示的图像，就是以RGB颜色模式表现的；只要是在印刷品上看到的图像，就是以CMYK模式表现的。如书籍、海报、杂志、报纸等，都是印刷出来的，那么它们上面的图像就是CMYK颜色模式的。

疑问解答

RGB与CMYK两大颜色模式有何区别？

（1）RGB颜色模式是发光的，存在于屏幕等显示设备中，不存在于印刷品中。CMYK颜色模式是反光的，需要外界辅助光源才能被感知，它是印刷品的颜色模式。

（2）从色彩数量上来说，RGB色域的颜色数比CMYK多，各个色彩部分是独立的，不可以相互转换。

（3）RGB通道灰度图中偏白表示发光程度高；CMYK通道灰度图中偏白表示油墨含量低。

在新建图像制作时，首先就要确定好颜色模式。如果是在屏幕上显示就用RGB颜色模式，如App界面设计、网页设计等。设计成RGB颜色模式的图像是可以直接打印的，系统会自动转换颜色模式，但是这种方法并不是很好，因为打印出来的图像和设计的图像的色彩会有一定的偏差。

颜色模式不仅有RGB、CMYK这两种，还有其他种类，表1-1中就是Photoshop中所有颜色模式。

表1-1

模式	说明
RGB 模式	用红（R）、绿（G）、蓝（B）三色光创建颜色。扫描仪通过测量从原始图像上反射出来的RGB三色光多少来捕获信息。计算机显示器也是通过发射RGB三种色光到人们的眼中来显示信息
CMYK 模式	用青色（C）、洋红色（M）、黄色（Y）和黑色（K）油墨打印RGB颜色。但由于油墨的纯度问题，CMYK油墨（也叫加工色）并不能够打印用RGB光线创出来的所有颜色

续表

模式	说明
Lab 模式	一种描述颜色的科学方法。它将颜色分成3种成分：亮度（L）、A和B。亮度成分描述颜色的明暗程度；A成分描述从红到绿的颜色范围；B成分描述从蓝到黄的颜色范围。Lab颜色是Photoshop在进行不同颜色模型转换时内部使用的一种颜色模型（如从RGB转换到CMYK）
灰度 模式	灰度模式在图像中使用不同的灰度级，灰度图像中的每个像素都有一个 0（黑色）~255（白色）的亮度值。灰度值也可以用黑色油墨覆盖的百分比来度量（0% 等于白色，100% 等于黑色）
位图 模式	位图模式使用两种颜色值（黑色或白色）之一表示图像中的像素。位图模式下的图像被称为位映射 1 位图像，因为其位深度为 1
双色调 模式	该模式通过一至四种自定油墨创建单色调、双色调（两种颜色）、三色调（三种颜色）和四色调（四种颜色）的灰度图像
索引颜色模式	索引颜色模式可生成最多256种颜色的8位图像文件。当转换为索引颜色时，Photoshop将构建一个颜色查找表（CLUT），用以存放并索引图像中的颜色
多通道 模式	多通道模式图像在每个通道中包含 256 个灰阶，对于特殊打印很有用。多通道模式图像可以存储为 Photoshop、大文档格式（PSB）、Photoshop 2.0、Photoshop Raw 或 Photoshop DCS 2.0 格式
多色调 分色法	这一过程将平滑的颜色转换分裂成可见的纯色色阶。当谈到渐变时，它也常被称作梯级法或条带

P5 1.3.3 点阵图像格式

计算机中的图像类型分为两大类：一类称为点阵图，也被称为位图；另一类为矢量图。

在讲解点阵图前先认识下什么是像素。**像素**是指组成图像的小方格，这些小方块都有一个明确的位置和被分配的色彩数值，小方格颜色和位置决定该图像所呈现出来的样子，可以将像素视为整个图像中不可分割的单位或者元素。

点阵图就是由点构成的，如利用马赛克去拼贴图案一样，每个马赛克就是一个点，若干个点排列成图案。平时用数码相机、手机拍摄的图片都属于点阵图，如图1-28所示。把这幅图片调入Photoshop，在菜单栏中选择"图像"→"图像大小"命令，就可以看到图1-29所示的信息。可以看到面板上显示图像的宽度和高度，分别是721像素和500像素。

图1-28   图1-29

那么什么是像素呢？像素就是组成点阵图像中的点，是点阵图最小的单位。每一个点阵图包含一定量的像素，这些像素决定了图像在屏幕上呈现的分辨率与大小。像素是不是越多越好呢？图像的像素越多，记录的信息也越详细，图像的局部就越细致。如果按

"Ctrl+"键，再按"+"键放大图像后，会看到点（像素）也同时被放大，这时就会出现所谓的马赛克现象（也称锯齿现象）。此时可以看到有许多不同颜色的小正方形，那就是被放大的像素。每个像素只能有一个颜色。宽721像素，高500像素，意味这幅图像由横方向721个点（像素）、竖方向500个点（像素）组成，721×500=360 500，图像的总像素数量就是360 500个。

点阵图像格式是把图像分为若干个点（像素），依靠存储或再现每个点的信息，来储存或再现整幅图像。由于像素数量的限制，所以点阵图像的大小是固定的。缩小或放大图像都会造成对图像的破坏。如果把图中的像素值降低后再放大图像，则会出现严重马赛克现象，如图1-30所示。

图1-30

1.3.4　矢量图像格式

矢量图像在数学中定义为一系列由线连接的点，矢量文件中图形元素称为对象，对象都是一个完整的实体，它具有颜色、形状、轮廓、大小和屏幕位置等属性。

在Photoshop中打开两个图像文件，一个为矢量图像格式，一个为点阵图像格式，两个图像修改前看上去没有什么区别。原图像大小是606像素×463像素，现在将两张图片分别进行同样的操作。在菜单栏中选择"图像"→"图像大小"命令，在弹出的对话框中将图像宽度改为200像素，系统会自动重新计算高度，此时可以看到二者有明显的区别。矢量仍然保持和原先相同的清晰度，而降低点阵图像素值以后再放大图像，图像会变化，如图1-31所示。

（a）矢量图像

（b）矢量图像修改后

（c）点阵图像

（d）点阵图像修改后

图1-31

这是因为缩小点阵图像是不会使其变模糊的，在丢弃原先的一些像素后，剩下的像素是足够描述图像的，并没有产生像素空缺，而放大图像后产生了像素空缺。

矢量图像在像素值改变后依然足够清晰，这是因为矢量图像是通过记忆线段的坐标来记录图像的。矢量图放大或缩小的同时，坐标也放大或缩小，而各个坐标之间的相对位置并没有改变，然后系统根据改变后的坐标重新生成图像，因此无论放大或缩小到什么程度都不会让图像失真，如图1-32所示。

图1-32

点阵图与矢量图二者相比，各有特点与优势。虽然矢量图像格式记录图像不会失真，但为什么平时做图不用这种格式呢？因为矢量图是基于线段的，不适合记录丰富多变的色彩图像。用矢量图去记录就需要将图像分成许多条线段，图像中的所有东西都由线段构成，那是一个庞大的计算过程，个人电脑无法做到而且保存的图像也非常大。使用点阵图格式则按秩序记录每个像素的颜色就可以了。

疑问解答

点阵图与矢量图该用哪个？

需要记住的一个重要原则，就是在制作过程中，尽量保留图像的可修改性。Photoshop是以制作点阵图为主的软件，针对矢量图像的操作比较有限。在处理图像的颜色等情况下可以以点阵图为主，在绘制VI（Visual Identity，视觉识别系统）、图标等情况下可以用矢量图，因为可修改性强。在今后的制作中，根据实际情况选择运用哪种图像格式。

1.3.5 文件格式种类

制图过程中用得比较多的两种格式是PSD和JPG，在Photoshop中，将图像保存为PSD格式可以保留图像中的图层等信息，将图层的所有信息都保留下来可以进行编辑和再修改。JPEG格式则是图片形式，没有保留图像中的图层信息。我们经常使用的保存图像的文件格式都是点阵图像格式的，如BMP、TIF、JPG、GIF、PNG等，大多数软件都能支持这些文件格式。在网页中的常用图像格式有JPEG、GIF、PNG。

表1-2是Photoshop中所有的文件格式类型。

表1-2

文件格式类型	说明
PSD	Photoshop默认保存的文件格式，可以保留所有图层、色板、通道、蒙版、路径、未栅格化文字以及图层样式等，但无法保存文件的操作历史记录。Adobe其他软件产品，如Premiere、InDesign、Illustrator等可以直接导入PSD文件
PSB	最高可保存长度和宽度不超过300 000像素的图像文件，此格式用于文件大小超过2GB的文件，但只能在新版Photoshop中打开，其他软件以及旧版Photoshop不支持
PDD	此格式只用来支持Photo Deluxe的功能。Photo Deluxe现已停止开发； RAW：Photoshop RAW有Alpha通道的RGB、CMYK和灰度模式，以及没有Alpha通道的Lab、多通道、索引和双色调模式
BMP	BMP是Windows操作系统专有的图像格式，用于保存位图文件，最高可处理24位图像，支持位图、灰度、索引和RGB模式，但不支持Alpha通道
GIF	GIF格式因其采用LZW无损压缩方式并且支持透明背景和动画，被广泛运用于网络中
EPS	EPS是用于Postscript打印机上输出图像的文件格式，大多数图像处理软件都支持该格式。EPS格式能同时包含位图图像和矢量图形，并支持位图、灰度、索引、Lab、双色调、RGB以及CMYK
PDF	便携文档格式PDF支持索引、灰度、位图、RGB、CMYK以及Lab模式。具有文档搜索和导航功能，同样支持位图和矢量
PNG	PNG作为GIF的替代品，可以无损压缩图像，并最高支持244位图像并产生无锯齿状的透明度。但一些旧版浏览器（如IE5）不支持PNG格式
TIFF	TIFF作为通用文件格式，绝大多数绘画软件、图像编辑软件以及排版软件都支持该格式，并且扫描仪也支持导出该格式的文件
JPEG	JPEG和JPG一样是一种采用有损压缩方式的文件格式，JPEG支持位图、索引、灰度和RGB模式，但不支持Alpha通道

第2章

Photoshop 的基本操作

本章主要介绍Photoshop的基本操作，包括文件、选区、笔刷与图章、修复、擦除、模糊、吸管、渐变与图框、变换、图像的颜色，讲解常用工具的使用方法。

2.1 文件

本节主要介绍使用文件的方法，包括如何新建文件、打开文件、保存文件。

PS 2.1.1 新建文件

在Photoshop中不仅可以编辑现有的图像，也可以创建全新的空白文件，然后在其中编辑或把其他图像拖入其中进行编辑。

新建文件的方式：在菜单栏中选择"文件"→"新建"命令，或按Ctrl+N组合键，将会出现如图2-1所示的对话框。

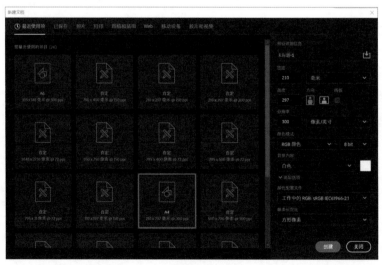

图2-1

预设详细信息： 可以在此处输入新建文件名称。再根据制图的大小，设置宽度、高度、分辨率等基本参数。"新建"里有定义好的预设供选择，如"照片""打印""图稿和插图""Web""移动设备""胶片和视频"等，单击相应选项，右侧面板里面的数字则会产生相应的变化。例如，选择打印里面的项A4，则宽显示为210毫米，高为297毫米，分辨率为300像素/英寸（1英寸=2.54厘米）。可以自行填入宽度和高度，但在填入前应先注意单位的选择是否正确。分辨率单位一般应为"像素/英寸"。参数设置完成后单击"创建"按钮，新建文件成功。

预设的名称将以宽高自动命名，也可以改为其他名称。存储的内容可以包括分辨率、颜色模式、背景内容、颜色配置文件、像素长宽比例。这时单击"创建"按钮就存储了设置。那么下次在新建文件时，在"最近使用项"中就会出现本次设置的项目。

2.1.2　打开文件

要在Photoshop中编辑图像文件，如图片素材、照片等，先要将其打开。打开文件的方法有很多种，可以使用命令打开或通过快捷方式打开。

1. 使用"打开"命令打开文件

在Photoshop的菜单栏中选择"文件"→"打开"命令，可以在弹出的"打开"对话框中选择一个文件（如要选择多个文件，可以在按住Ctrl键的同时单击它们），如图2-2所示，单击"打开"按钮，或双击文件即可将其打开，如图2-3所示。

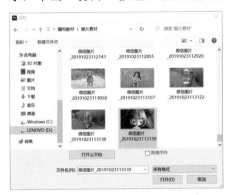
图2-2

图2-3

◎提示·◦

按Ctrl+O组合键可以弹出"打开"对话框。

2. 使用"打开为"命令打开文件

如果使用与文件的实际格式不匹配的扩展名存储文件（如用扩展名.gif存储PSD文件），或者文件没有扩展名，则Photoshop可能无法确定文件的正确格式，导致不能打开文件。

遇到这种情况，可以在菜单栏中选择"文件"→"打开为"命令，弹出"打开为"对话框，选择文件并在"打开为"列表中为它指定正确的格式，如图2-4所示。然后单击"打开"按钮将其打开。如果使用这种方法也不能打开文件，则选择的格式可能与文件的实际格式不匹配，或者文件已经损坏。

图2-4

2.1.3 保存文件

对新建文件或打开的文件进行编辑之后，应及时保存处理结果，以免断电或死机造成文件丢失。Photoshop提供了多种保存文件格式用来保存文件，以便其他程序使用。

1. 使用"存储"命令保存文件

打开一个图像文件并对其进行编辑之后，在菜单栏中选择"文件"→"存储"命令，或按Ctrl+S组合键，保存所做的修改，图像会按照现有的格式存储。如果是一个新建的文件，则选择执行该命令时会弹出"存储为"对话框。

2. 使用"存储为"命令保存文件

文件格式决定了图像数据的存储方式、压缩方法，以及文件是否与一些应用程序兼容。使用"存储为"命令保存图像时，可以在弹出的"存储为"对话框中选择保存格式，如图2-5所示。

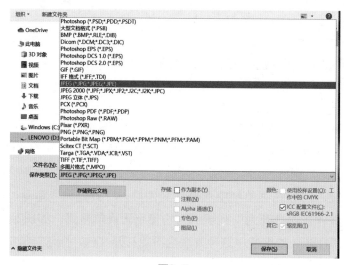

图2-5

> **◎提示·◦**
>
> PSD是Photoshop默认的文件格式，它可以保留文档中所有图层、蒙版、通道、路径、文字、图层样式等。通常情况下，可以将文件保存为PSD格式，这样可以随时修改。JPEG格式是众多数码相机默认的格式，如要打印输出、传送、Web可以采用该格式保存；如要阅读文件，可以用PDF格式保存文件；如需要制作透明背景，则可用PNG格式保存。

2.2 选区

本节主要介绍选区的概念、选区的运算方式、建立任意选区及羽化。

2.2.1 选区的概念

选区是Photoshop的精髓之一，在用Photoshop作图时要对图像某个区域的颜色进行调整，就需要选取该区域。如一群演员在演戏，导演要其中某个演员去换个一件颜色的衣服，就要指定谁去换。通过一定方式选取图像的某个区域被称为选区。

疑问解答

如何理解选区的概念？

（1）选区的形状是任意的，但是选区必须是封闭的区域，不能是开放的区域。

（2）建立选区后周围会出现虚线（蚂蚁线），当选区存在时大部分操作命令只对选区有效，如要对整体图像进行操作，则必须先取消选区。

建立选区基本都是依靠选取工具来实现的，选区工具放置在工具栏中。"矩形选框工具" ▣、"椭圆选框工具" ◯、"单行选框工具" ▭、"单列选框工具" ▮，这4个属于规则选取工具。"套索工具" ◯、"多边形套索工具" ⬦、"磁性套索工具" ⬗、"快速选择工具" ✎、"魔棒工具" ⬈、"对象选择工具" ▤，则属于不规则选取工具。

下面根据不同应用来具体介绍各个工具的使用方法。

■ **矩形选框工具**

在Photoshop中打开一幅图像，建立一个选区并实现选区色彩调整的效果。在工具栏单击"矩形选框工具" ▣按钮，属性栏设置如图2-6所示。

图2-6

在图像中拖动光标画出一块矩形区域，松开鼠标后会看到区域四周有流动的虚线，如

图2-7所示。这样就建立了一个矩形选区，流动的虚线就是选区的边界线，虚线之内的区域就是选区。在建立选区过程中如果按Esc键将取消本次操作。

如果此时对图像进行色彩调整，只会影响选区内的部分。此时在菜单栏中选择"图像"→"调整"→"亮度/对比度"命令，将亮度增加到"+101"，则选区内的颜色整体比周围的要亮很多，如图2-8所示。此时选区还存在，右击，在弹出的快捷菜单中选择"取消选择"，或按Ctrl+D组合键取消选区。

图2-7 　　　　　　　　　　　　　　　　图2-8

Ps 2.2.2　选区的运算方式

选区有多种运算方式，包括"添加""减去""交叉"等操作。在选区激活的状态下，选区的几种方式分布在属性栏上。分别是"新选区" ■、"添加到选区" ■、"从选区减去" ■、"与选区交叉" ■。

先新建一个白底图像，新建文档大小设置为500×400，单位为像素。接着用"矩形选框工具" ■画一个矩形，然后进行各种选算方式的效果测试。在"新选区"状态下，新选区会替代旧选区，相当于取消后重新选取。这个特性也可以用来取消选区，就是用选取工具在图像中任意位置单击即可取消现有的选区。

在"添加到选区" ■状态下，鼠标指针会变为"＋"，这时新旧选区将共存，可以理解为"A+B=C"，C则是新旧选区组成的选区。如果新选区在旧选区之外，则形成两个封闭流动虚线框，如图2-9所示。如果彼此相交，则只有一个虚线框出现，如图2-10所示。

图2-9 　　　　　　　　　　　　　　　　图2-10

在"从选区减去" ■状态下，鼠标指针变为"＋"，这时新的选区会减去旧选区，可以理解为"A-B=C"。如果新选区在旧选区之外，则没有任何效果，如图2-11所示。如果新选区与旧选区有相交部分，就减去二者相交的部分，如图2-12所示。

图2-11　　　　　　　　　　　　　　　　　图2-12

"与选区交叉" 🔳也称为选区交集，鼠标指针为"➕ₓ"，它的效果是保留新旧选区的相交部分，如图2-13所示。

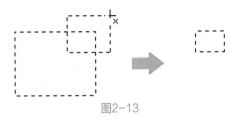

图2-13

这4种运算方式对于"矩形选框工具""椭圆工具""套索工具""魔棒工具"都是通用的，并不局限于某一种工具，它们可以彼此互相运算。在使用"选框工具"情况下，"添加到选区"的快捷键是Shift键。"从选区减去"的快捷键是Alt键。"与选区交叉"的快捷键是Shift+Alt组合键。这些快捷键要配合鼠标使用，如要使用"添加到选区"，可先按住Shift键，然后拖动光标建立选区。

■ **椭圆选框**

在"矩形选框工具"下方排列的是"椭圆选框工具"⭕，它的使用方法与"矩形选框工具"一样，快捷键也相同。按住Alt键拖动光标则是从拖动光标处出发画椭圆形，按住Shift键拖动光标则是画圆形，如图2-14所示。

图2-14

🅿️ 2.2.3　建立任意选区

如果在作图中要建立任意形态选区，如要选取色块、图案、人物、景物等。就需要用到不规则选区工具，如"套索工具"🔘、"多边形套索工具"📐、"磁性套索工具"🧲、"快速选择工具"🖌️、"魔棒工具"🪄、"对象选择工具"🖱️。

1. 套索工具

"套索工具"🔘的使用方法：按住鼠标左键任意拖动鼠标，鼠标指针轨迹首尾相连就会形成封闭虚线框，选区建立。如果在拖动鼠标过程中松开鼠标右键，或起点与终点不在一起，起点与终点间就会自动连接一条线，该轨迹形成封闭虚线框，从而形成选区。

2. 多边形套索工具

"多边形套索工具"📐的使用方法：鼠标单击连成线，首尾相连或单击两次形成选区，即"连点成线"。终点与起点重合会出现一个小圆圈一样的提示符合，此时单击重合处将起点和终点闭合，在建立选区过程中按住Shift键可以使运动轨迹保持水平或垂直。

另外，在使用"多边形套索工具"过程中可以按Delete键或按Backspace键撤销前一步，可撤销到最初状态。利用"多边形套索工具"可以比较准确地沿着物体造型去建立选区，适合抠图之类的操作，应用比较广泛，如图2-15所示。

图2-15

3. 磁性套索工具

在工具栏中单击"磁性套索工具" ，在船体某一处单击，然后鼠标沿着船体的边缘移动鼠标指针，会看到一条轨迹线沿着船体大致的轮廓在逐渐创立。即使鼠标指针并不是准确地沿着船移动，但是轨迹一直沿着船体大概的边缘移动，如图2-16所示。"磁性套索工具"的原理是分析色彩边界，利用轨迹上找到色彩的分界并把它们连起来形成选区。

图2-16

"磁性套索工具"精确光标方式：精确光标就是可以比较精准地按物体边缘建立选区。操作方式为：按CapsLock键，光标会变为一个中间带十字的圆圈，然后开始选取，注意选取过程中十字应该尽可能贴近色彩边缘。如果没有完全贴近色彩边缘，只要误差在一定的范围内，还是能够确定边缘。但是在实际使用过程中其很少被用来直接建立选区，因为它的轨迹太难掌握。

4. 快速选择工具

"快速选择工具" 主要在图像色差较大的情况下使用，这有利于我们快速把图像抠出来，可以通过多次添加或减去选区操作建立选区。使用"快速选择工具"时，如果想选择较精确的选区可以调节画笔的大小、硬度、间距，单击图像并拖动光标选取需要的区域来建立选区，如图2-17所示。

图2-17

5. 魔棒工具

"魔棒工具" 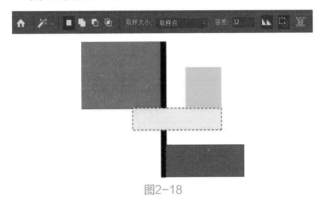 主要是通过颜色的差别方式建立选区，通过容差大小控制精度，单击相应位置即可选择，属性栏设置如图2-18所示。在一个黄色的方块上单击，就会看到这个黄色方块被选择，4条实线变成虚线。

图2-18

"魔棒工具"的工作原理是以单击处像素的颜色值为准，寻找容差范围内的其他像素，然后把它们变为选区。所谓容差范围就是色彩的包容度。如选拔篮球队，以身高划分，如果规定身高为190～180cm，可能有20人符合标准，那么这20人就是本次形成的"选区"。如果规定身高为180～170cm，那么可能选取了50人。这个身高的范围类似于色彩容差。容差越大，包含的颜色就越多，反之则越少。

容差数值不同造成选取范围不同。看下面的例子，图中有两个相邻的色块，黄色与绿色，现在用32容差值与150容差值分别去选取黄色，如图2-19和图2-20所示。可以看到，越小的容差值对色彩差别的判断就越严格，即使两个看起来很接近的颜色也未必会被选中。而当容差值增大以后，就可以包含更多的颜色。

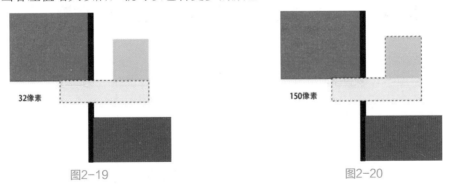

图2-19　　　　　　　　　　　　　　图2-20

大多数情况下，需要进行选择的部分与图像中其他部分都有较明显的色彩分界，比如人物和背景。因此，选取时应该首先考虑利用色彩，其次才考虑利用轨迹。并且大多数情况下利用色彩选区的精确度要高于利用轨迹建立选区。

6. 对象选择工具

"对象选择工具" 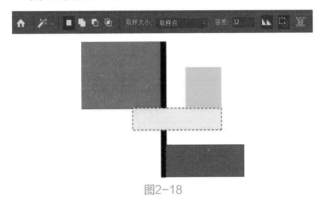 是Photoshop 2020版本增加的一个智能抠图工具，通过矩形和套索模式套出图像实现智能抠图，但是对于带有毛发的复杂轮廓则识别效果不佳。

PS 2.2.4 羽化

羽化可以联想到给人柔和的感觉，羽化工具的作用就是让图像边缘柔和、虚化。使用"椭圆选框工具"，将羽化值分别设置为0和30像素，依次创建两个圆形选区，然后填充蓝色，看对比效果，如图2-21所示。可以看到右边使用了30像素的羽化值的选区，填充的颜色不再是局限于选区内，而是扩展到了选区之外并且呈现逐渐淡化的效果。羽化数值越大，边缘淡化效果越明显。

图2-21

羽化的作用就是虚化选区的边缘，这样在制作合成图像时会得到较柔和的过渡。在Photoshop中打开图2-22所示的图片。

单击"椭圆选框工具" ⃝ ，大致选择中间的花朵并建立选区，在属性栏中将羽化值设置为0像素，然后在工具栏中单击"移动工具" ✛ ，将花朵选区内移动到新建的蓝色图像内，如图2-23所示。被拖动的起始图像称为源图像，位于源图像目标位置的图像称为目标图像。要注意的是要在选区内拖动图像，如果在选区外拖动则会拖动整个图像。

图2-22

图2-23

羽化值为0像素时效果如图2-24所示。再重新试验一次，把羽化值改为30像素，将选区移到蓝色图像中看效果，如图2-25所示。此时图像的边缘虚化效果明显，看起来不那么生硬了，羽化值越高，则图像边缘越柔和。

图2-24

图2-25

2.3 笔刷与图章

本节主要介绍笔刷与图章的使用方法，包含笔刷的设定、图案和图案画笔的定义、仿制图章工具和图案图章工具的使用。

2.3.1　笔刷的设定

单击"画笔工具" ，光标会变成圆圈，圆圈代表着画笔。"画笔笔刷设置"面板里面有非常丰富的画笔笔尖形状，单击 或按F5键即可调出"画笔设置"面板。单击左侧的"画笔笔尖形状"，然后在笔刷预设中笔刷大小调节为30像素，最下方的一条波浪线是笔刷效果的预览，如图2-26所示。

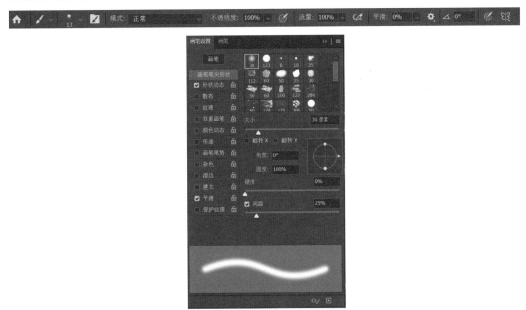

图2-26

面板里面"硬度"下方的"间距"，默认的间距值是25%，实际上前面所使用的笔刷，可以看作是由许多圆点排列而成的。如果把间距值设为100%，就可以看到依次排列的各个圆点，如图2-27所示。如果将间距值设为300%，就会看到圆点之间有明显的间隙，如图2-28所示，间距越大圆点之间的间隙也越大。

图2-27　　　　　　　　　　　　　　图2-28

画笔的笔尖形状是多样的，可以满足不同的使用效果，可以使用不同的笔尖形状随意画一些线条，对比效果，如图2-29所示。再单击"画笔"，有不同的介质画笔供我们选择，选择不同的画笔看看效果，如图2-30所示。

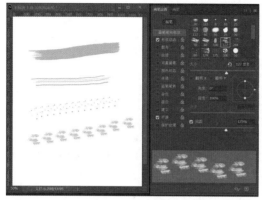
图2-29

图2-30

Ps 2.3.2 图案和图案画笔的定义

如何在Photoshop中定义图案？首先打开一幅图像，在工具栏中单击"矩形选框工具" ■选取一块区域，然后在菜单栏中选择"编辑"→"定义图案"命令，就会弹出"图案名称"对话框，可输入图案的名称，如图2-31所示。单击"确定"按钮，图案就存储完成了。

需要注意的是，必须用"矩形选框工具"选取，并且无论是选取前还是选取后都不能使用羽化功能，否则定义图案的功能就无法使用。另外，如果不创建选区直接定义图案，将把整幅图像作为图案。

被定义为画笔的图案可以使用任意形状的选区，并且可以使用羽化功能。创建一个椭圆形选区，通过选择菜单栏中的"编辑"→"定义画笔预设"命令就可以完成，如图2-32所示。

图2-31

图2-32

"画笔名称"对话框中图案下方的数值是这个图案定义为笔刷后的宽度。虽然在笔刷设定中可以自行更改笔刷的大小，但原始大小的质量是最高的。因为这样定义出来的笔刷也属于点阵图像格式，放大或缩小笔刷都会引起像素重新计算而影响图像质量。调节笔刷大小的界面如图2-33所示。

◎提示·◎

　　注意定义为画笔的图案将自动转换为灰度模式，因为笔刷是不能带有原有的色彩的，否则就会造成色彩使用上的矛盾。在绘制时是通过前景色来定义绘制的颜色的。我们用刚才定义的图案画笔在界面中不同位置处单击，效果如图2-34所示。

图2-33

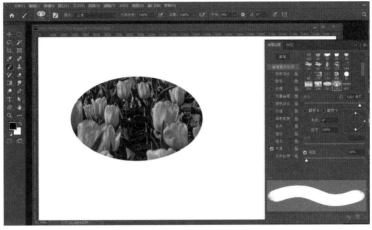

图2-34

疑问解答

普通图案与笔刷图案有什么区别？

　　定义完画笔的图案立刻就会应用到目前的画笔设定中，以后也可以在"画笔设置"的"画笔笔尖形状"中找到，而普通图案在定义后就很难找到。只有在使用到图案类的工具时才会出现。注意比较普通图案与笔刷图案特点，首先在定义上，笔刷图案会转为灰度而普通图案不会；其次在调用上，笔刷图案是在画笔笔刷设置中使用的，应用了笔刷功能的工具都可以使用。

2.3.3　仿制图章工具

　　"仿制图章工具"的标识像一个图章，快捷键是S键，"仿制图章工具"的作用如"复印机"一样，就是将图像中一个地方的像素原样搬到另外一个地方，使两个地方的像素一致。因此，使用"仿制图章工具"时要先定义采样点，也就是指定原样的位置。

　　"仿制图章工具"的使用方法是先定义采样点，按住Alt键在图像某一处单击。例如，先在1处按住Alt键单击，然后在2处拖动光标绘制，在1处按住鼠标左键沿着金鱼的形状移动，就会看到1处的小金鱼被复印出来了，如图2-35所示。

这里要注意采样点的位置并非一成不变的，这里可以看到虽然之前定义的采样点位于金鱼的中部，但复制出来的金鱼不仅有中部，也有上下左右各个部分。留心一下就会发现，在2处拖动光标时，1处采样点也会产生一个十字光标同时移动，且1、2移动的方向和距离与正在绘制的2处是相同的。也就是说，大家应该把采样点理解为复制的"起始点"而不是复制的"有效范围"。

图2-35

"仿制图章工具"经常被用来修补图像中的破损之处。其方法就是用邻近的像素来填充破损的地方。也可以用来改善画面，例如，在去除人物面部痘痘的瑕疵时，可以通过"仿制图章工具"把皮肤好的区域复制到痘痘处。制作过程中需注意选择适当的大小和硬度。例如，影楼拍摄照片中人物的面部皮肤都近乎完美，其实大部分都采用了这样的处理手法。

2.3.4 图案图章工具

单击"图案图章工具"后，属性栏如图2-36所示，可以看到其中有一个图案的选项（图中红色箭头处），单击会出现图2-37所示的图案列表，在列表中的图案上单击右键可以更改图案名称或删除图案。

利用"图案图章工具"选中了一个图案之后，在图像中按住鼠标左键并拖动光标就可以将所选图案绘制到图像中。如果所绘制的区域大于图案的尺寸，则在超过的部分中图案将重复出现。这种图案重复出现的情况又称为图案平铺，并且彼此四周衔接，最明显的表现就是重复图案块之间上下左右皆对齐。

在"图案图章工具"的属性栏中有一个"对每个描边使用相同的位移"选项，如果使用该功能，绘制的图案将保持连续平铺特性，如图2-38所示，尽管分开绘制，但分离的图案之间还是互相对齐的。也就是说还保持着平铺的特性，尽管中间并没有相连，但如果将中间部分补上的话，就会看到图案之间还是保持四周衔接的特性。

图2-36

图2-37

图2-38

2.4 修复

本节主要介绍修复工具的运用方法，包括"污点修复画笔工具""修复画笔工具""修补工具""内容感知移动工具"和"红眼工具"的使用。

2.4.1 污点修复画笔工具

"污点修复画笔工具" ■适合于消除画面中的细小部分。"污点修复画笔工具"的作用相当于"橡皮擦"和"仿制图章工具"作用的综合。使用这个工具时不需要定义采样点，在想要消除的区域涂抹就可以了，涂抹后该区域会采集周围区域的像素，变得与周围区域相近。用"污点修复画笔工具"涂抹图2-39中的救生圈，涂抹后则看不到救生圈了，如图2-40所示。但是消除较大区域时不适合使用该工具。例如，如果想利用该工具把人物从画面中抹去，就比较难达到好的效果。

图2-39

图2-40

2.4.2 修复画笔工具

"修复画笔工具" ■的快捷键是J键或Shift+J组合键。先导入图片，选择一个合适的笔刷，在属性栏中将模式设为"正常"，然后按照"仿制图章工具"的使用方法，先在蜻蜓与荷花上定义好采样点，之后复制到其他位置，在复制过程中的方法也和"仿制图章"一样，可当结束复制松开鼠标之后，复制出来的蜻蜓与荷花的图像就产生交融效果。

再用"仿制图章工具"复制一幅图像，比较二者。"仿制图章工具"很容易造成复制出的图像与采样点图像颜色不符甚至是大相径庭的情况，较为生硬。而"修复画笔工具"制作的效果过渡柔和并且与采样点的颜色很近。图2-41所示为两种效果的对比。

图2-41

这就是"修复画笔工具"与"仿制图章工具"的区别，打个比方，"仿制图章工具"的效果像是将油倒入水里，油还是聚在一起，油与水的分界线明显，没有互相渗透，"修复画笔工具"的效果像是墨倒入到水里，墨与水混合在一起，没有分界线。

Ps 2.4.3 修补工具

"修复画笔工具"经常会在修补图像时用到。在使用上，它同画笔一样属于轨迹型绘图工具，完全依赖使用者鼠标的移动。虽然灵活，但对于绘制区域边界的把握不够精准，为了弥补这个不足，可以使用"修补工具" ，"修补工具"的作用原理和效果与"修复画笔工具" 是完全一样的，只是它们的使用方法有所区别。

"修补工具"的原理就是移动替换处理，其操作是基于属性区域的，因此要先定义好一个区域（与选区类似）。现在用"修补工具"把图中蜻蜓去掉，注意修补工具在属性栏的设置中有一项"修补"，确保其选择为"从目标修补源" ，然后围绕蜻蜓建立一个选区，接着从选区内开始拖动光标，把选区移动到要复制的地方，如图2-42和图2-43所示。

图2-42　　　　　　　　　　　　　　　图2-43

和普通的选区一样，这里的选区创建后也可以进行加上、减去、交叉等修改，其快捷键也相同。加上按Shift键，减去按Alt键，交叉按Shift+Alt组合键。

Ps 2.4.4 内容感知移动工具

"内容感知移动工具" 的两大作用：移动与复制。"内容感知移动工具"可以实现图片中文字与杂物的移除，同时可以根据移除部分周围的环境与光源自动计算和修复该部分，从而实现更加完美的修图效果。其属性栏如图2-44所示。

图2-44

下面通过案例来比较移动与扩展的区别。首先导入一张图片，单击"内容感知移动工具"，模式选择"移动"，拖动光标选取右边的鸭子。再把鸭子拖动到左上角，双击鼠标，再按Ctrl+D组合键取消选区，则移动了鸭子的位置，如图2-45和图2-46所示。

图2-45

图2-46

接着重复上面的操作，把模式改为"扩展"，效果如图2-47所示。扩展的作用就是复制，把原来的选区位置图像复制到新位置。

图2-47

"内容感知移动工具"可以理解为是将平时常用的通过"仿制图章工具"修改照片内容的形式进行最大的简化，在实际操作时只需通过简单的选区和简单的移动便可以随意更改景物的位置。但是背景如果较为复杂，则使用效果不是很好。所以合理利用好"内容感知移动工具"可以大大提高照片编辑的效率。

2.4.5　红眼工具

"红眼工具" 主要用来处理照片中由于使用闪光灯引起的红眼现象，操作极为简单，只需要单击红眼区域就可以完成。先导入一张图片，如图2-48所示，单击右眼红色部位则消除红眼效果，可以对比两只眼睛的效果，如图2-49所示。

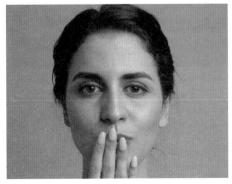

图2-48

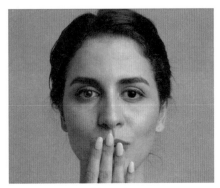

图2-49

2.5　擦除

本节主要介绍擦除功能的使用方法，包括"橡皮擦工具""背景色橡皮擦工具""魔术橡皮擦工具"。

Ps 2.5.1　橡皮擦工具

Photoshop中的"橡皮擦工具" ⌫ 就是用来擦除像素的，与现实中橡皮擦掉纸上的笔迹一样，擦除后的区域将为透明，其属性栏如图2-50所示，在模式中可选择以画笔笔刷或铅笔笔刷进行擦除，二者的区别在于画笔笔刷的边缘柔和、带有羽化效果，铅笔笔刷则没有。此外还可以选择以固定的方块形状来擦除。不透明度、流量以及喷枪样式都会影响擦除的力度，以较小力度（不透明度与流量较低）擦除会留下半透明的像素。需要注意的是，如果在背景层上使用"橡皮擦"，由于背景层的特殊性质（不允许透明），擦除后的区域将被背景色所填充。因此，如果要擦除背景层上的内容并使其透明，要先将背景层转为普通图层。

图2-50

Ps 2.5.2　背景色橡皮擦工具

"背景色橡皮擦工具" ⌫ 的使用效果与普通的"橡皮擦"相同，都是擦除像素，可直接在背景层上使用，但在背景层上使用"背景橡皮擦工具"后，背景层将自动转换为普通图层。其属性项与"颜色替换工具"的属性栏类似，如图2-51所示。可以说它也是一种颜色替换工具，只不过真正的"颜色替换工具"是改变像素的颜色，而"背景色橡皮擦工具"是将像素变得透明。去除物体背景或人物背景这样的操作，在进行合成制作时是经常要用到的，而通常的思路都是建立选区，然后去除背景（删除或建立蒙版）。正因为"背景色橡皮擦工具"有"替换为透明"的特性，因此也可以用来擦除图片的背景。

图2-51

设置取样为"一次"，"限制"为"不连续"，将"容差"设为6%，如图2-52所示。在人物背景的粉色区域单击取样，如图2-53所示。按住鼠标左键并四处涂抹，在涂抹过程中不会抹除人物部分的像素，因为取样中的颜色是粉色，而人物部分的颜色主要是黑色与肉色，都位于粉色及容差范围之外，效果如图2-54所示。

图2-52

图2-53

图2-54

这个操作中最重要的一步就是取样，选择"取样：一次"代表以单击第一下所在位置的像素颜色为基准，在容差之内去寻找并擦除像素。如果想用这个功能来做去除背景，一般来说使用一次并不能完全擦除像素，大部分区域会留下半透明的像素。尽管像素颜色很淡，但还是半透明的，在半透明的区域再次操作，如有必要就再重复几次。

2.5.3　魔术橡皮擦工具

"魔术橡皮擦工具" 的作用与"背景色橡皮擦工具"的作用类似，都是擦除像素以得到透明区域。只是二者的操作方法不同，"背景色橡皮擦工具"采用了类似画笔的绘制（涂抹）型操作方式，而魔术橡皮擦则是区域型（即一次单击就可对一片区域生效）操作方式。

使用"魔棒工具"时在单击后会根据单击处的像素颜色及容差建立一块选区。"魔术橡皮擦工具"的操作结果也是如此，只不过它将这些像素擦除，从而留下透明区域。换言之，"魔术橡皮擦工具"的作用可以理解为三合一：用"魔棒工具"建立选区、擦除选区内像素、取消选区。

图2-55所示是"魔术橡皮擦工具"的属性栏，可以看出与"魔棒工具"的属性栏十分相似。

图2-55

几种橡皮擦工具的作用无一例外都是用来擦除像素的，在实际使用中建议大家通过选区和蒙版来达到擦除像素的目的，尽量不要直接使用有破坏作用的橡皮擦工具。

2.6 绘制

本节介绍的工具都属于绘制型操作方式，它们的一个共同点就是都依赖于光标移动的轨迹产生作用，因此被称为轨迹绘图型工具。本节主要包括"模糊工具""锐化工具""涂抹工具""减淡工具""加深工具"和"海绵工具"。

2.6.1 模糊工具

"模糊工具" 可将涂抹的区域变得模糊，模糊可以理解为一种表现手法，如果要凸显主体，可以对次要内容进行模糊处理。图2-56所示是一朵花图片，为了突出中心花蕊部分，使用"模糊工具"涂抹周围花瓣，得到图2-57所示的效果。"模糊工具"的效果是可持续加深的，光标在一个地方停留的时间越长，这个地方被模糊的程度就越深。

图2-56

图2-57

2.6.2 锐化工具

"锐化工具" 的效果和"模糊工具"的效果正好相反，它是将画面中模糊的部分变得清晰。模糊处理的最明显效果体现在色彩的边缘上，原本清晰的边缘在模糊处理后被淡化，整体就感觉变模糊了。而"锐化工具"则刚好相反，它使图像色彩的边缘更清晰。在一次次绘制中反复经过同一区域则会增强该区域的锐化效果。这里的清晰是相对的，它并不能使模糊的照片变得清晰，也不能在同一区域过度使用，这样会出现色斑。图2-58和图2-59分别为一幅图片锐化前和锐化后的效果。

图2-58	图2-59

要注意不能够把"模糊工具"和"锐化工具"当作互补工具来使用，如模糊太多就锐化一些，这种操作方式是不好的，不仅不能达到想要的效果，反而破坏原有图像的效果。如果一种操作的效果过于明显，就应该撤销该操作，而不是用互为相反的操作去抵消。

2.6.3　涂抹工具

"涂抹工具" 的效果就好像在一幅未干的油画上用手指涂抹一样，如图2-60所示。可以通过属性栏改变涂抹画笔的形态、大小和强度。

2.6.4　减淡工具

"减淡工具" 的作用是局部提亮图像，可选择为提亮高光、中间调或阴影区域，如图2-61所示。

图2-60

图2-61

2.6.5　加深工具

"加深工具" 的效果与"减淡工具"的效果相反，是将图像局部变暗，也可以选择调暗高光、中间调或阴影区域，其属性栏如图2-62所示。这两个工具曝光度设置得越大，则效果越明显。

图2-62

Ps 2.6.6　海绵工具

"海绵工具" ◉ 的作用是改变局部的色彩饱和度，可选择"去色"降低饱和度或选择"加色"提高饱和度，如图2-63所示。流量越大，效果越明显，如果开启喷枪方式可在一处持续产生效果。

图2-63

还要注意的是，"海绵工具"不会造成像素的重新分布，因此其"去色"和"加色"可以作为互补功能使用，过度去除色彩饱和度后，可以切换到"加色"提高色彩饱和度。图2-64所示为从原图到"去色"和"加色"的变化效果。

图2-64

2.7　取色与标注

本节主要介绍"吸管工具""颜色取样器工具""注释工具""标尺工具""抓手工具"的使用方法。

Ps 2.7.1　吸管工具

"吸管工具" ✒ 只能吸取图像中的一种颜色，即吸出一处点周围的三个像素的平均值。吸取指定位置的颜色作为前景色，按住Alt键单击，可将其作为背景色。除了在图像中单击取色以外，还可以在图像中按住鼠标左键四处拖动光标，这样光标所经过地方的颜色将不断作为前景色（按住Alt键后拖动光标即作为背景色）。拖动光标的范围不限于图像，也不限于在Photoshop界面，可以在屏幕上任何地方取色。

Ps 2.7.2　颜色取样器工具

使用"颜色取样器工具" ✒ 就是在调整图像时监测几个不同的地方颜色，通过它们的数据了解具体的颜色值，颜色信息将显示在"信息"面板中。用取样器在图像中单击3次则显示3个取样值，如图2-65所示。可使用"颜色取样器工具"来移动现有的取样点。如果切换到其他工具，图像中的取样点标志将不可见，但"信息"面板中仍有相关显示。

图2-65

Ps 2.7.3 注释工具

"注释工具" ▣ 的作用是在文件中写入一段文字注释内容，可以当作备忘录使用。在图像中单击右下角即可出现文字输入框，如图2-66所示。可在属性栏中设置作者和标签颜色。输入完成后，单击输入框右上角的白色方块即可关闭输入框。关闭后只在画面上留下一个小标签记号。双击小标签即可展开文字框，此时可以修改文字内容。若要删除注释，可选中后按Delete键。

图2-66

2.7.4 标尺工具

"标尺工具" ▣ 的作用是测量两个点之间的距离和角度，在属性栏中会显示起点与终点的坐标（X、Y）、角度（A）和距离（L）等信息，如图2-67所示。

图2-67

"标尺"主要用于作图时参考，它与"标尺工具"不同。选择菜单栏中的"视图"→"标尺"命令或按Ctrl+R组合键，图像窗口的上方和左方就会出现标尺，如图2-68所示。在标尺区域按住鼠标左键不放，向图像中拖动光标即可建立参考线，如图2-69所示。如果需要更改参考线位置，可使用"移动工具"拖动参考线以改变其位置。

图2-68

图2-69

此外，可以从菜单栏中的"视图"对参考线进行锁定、清除的操作。锁定后参考线就不能再移动，这样可以防止重要的参考线被误操作移动。可以在"首选项"对话框中调节参考线的颜色和样式，按Ctrl+K组合键，可以在弹出的对话框中的"参考线"组中修改画布的颜色，如图2-70所示。

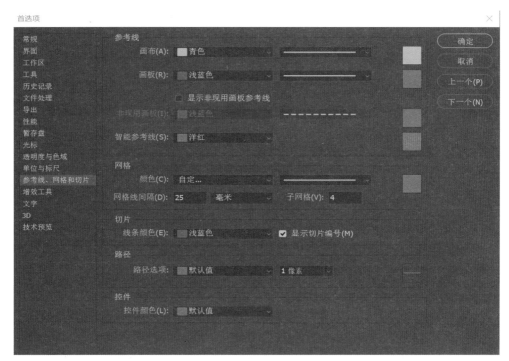

图2-70

2.7.5　抓手工具

"抓手工具" 的快捷键是H键，在画布尺寸大于窗口尺寸时，使用"抓手工具"可以在窗口中左右移动画布，经常配合"缩放工具"使用。如果窗口尺寸等于或大于画布尺寸则无效。"缩放工具" 的默认效果是将图像放大，按住Alt键使用这个工具的效果为缩小图像。除了单击缩放外，还可以按住鼠标右键不放，左右移动鼠标缩放图像。

在作图过程中，这几个快捷键是使用较频繁的："抓手工具"（H键）、放大（Space+Ctrl+单击或拖动光标）、缩小（Space+Alt+单击或拖动光标）。

2.8　渐变与图框

本节主要介绍"渐变工具"和"图框工具"的使用方法及应用。

2.8.1　渐变工具

先用"渐变工具" 选择所需颜色，然后在画面上拖拉就可以达到渐变效果。在工具栏中选择"渐变工具"或按G键或Shift+G组合键。单击属性栏中的渐变缩览，如图2-71所示。

图2-71

弹出如图2-72所示的"渐变编辑器"对话框，上方的"预设"就是目前所使用的渐变列表框。渐变列表框右方的"导入" 导入(I)... 按钮用于导入其他的渐变设定。"导出"按钮 导出(E)... 是将目前列表中的所有设定予以存储。导出的文件名为".GRD"。单击第1行第5个紫色、橙色渐变，此时可看到渐变列表框下方的"名称"处出现了该渐变色的名称，下面直观地显示渐变条，主要的设定工作都在这里完成。

既然是定义渐变色，就需要指定从什么颜色渐变到什么颜色，颜色的指定就是通过渐变条下方的色标完成的。现在有两个色标，分别是紫色和橙色，它们位于渐变条的两端，代表这个色设定是从紫色渐变到橙色，如图2-73所示。

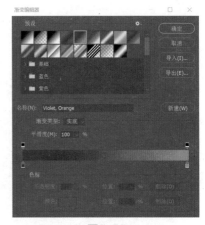

图2-72

我们可以增加色标以定义更多的渐变色。在该区域中鼠标光标将变为 ，此时单击即可增加新色标（取色为目前的前景色），如图2-74所示的1处。双击色标或选择色标（被选择色标三角形为黑色）后单击2处将弹出"拾色器"对话框，此时可更改色标的颜色。单击3处可以选择色标的取色类型，左右拖动色标可改变色标在渐变条中的位置，色标的位置百分比是针对全部渐变范围而言的，是一种绝对位置。也可由4处直接改变该自动比数值。

图2-73

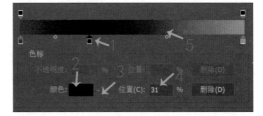

图2-74

提示

在色标与色标之间有一个小菱形，称为色标中点，它决定两个相邻颜色的分配比例。图2-74中的5处所代表的是黑色与黄色的分配比例，默认比例是50%，代表两种颜色平均分配。如果将该点向橙色移动则代表橙色的比例增大，反之则该比例减小。若要删除某个色标，可在选择色标时单击"位置"右方的"删除"按钮。

下面来看位于渐变条上方的不透明度标。不透明度标控制着渐变各处的不透明度。不透明度标的操作方法（增加、修改、移动、删除）与色标完全一致。相邻的两个不透明度标也有一个中点控制着分配比例，如图2-75所示。与色标用彩色来表示其所指定的颜色类似，不透明度标用灰度来表示其所代表的不透明度，黑色为100%，即完全不透明；白色为0%，即完全透明。

图2-75

PS 2.8.2 **图框工具**

"图框工具" ⊠的作用简单说就是用来画个框，可以往框里放图片，特别适用于图文混排，如在为画册排版时经常使用。其操作简单，同时方便进行即时可逆的修改。

1. 在图框工具中插入图片

单击工具栏中的"图框工具"，画出一个矩形图框，形成画框层，如图2-76所示。

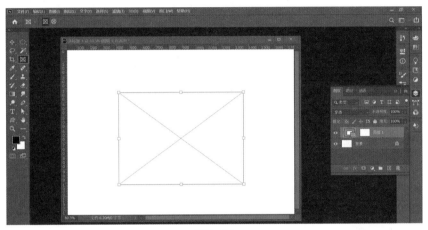

图2-76

打开要放入的图片，在菜单栏中选择"文件"→"置入嵌入对象"命令，或者直接拖曳图片到画框中，如图2-77所示。

图2-77

图框中置入图片后的效果如图2-78所示。

图2-78

2. 在图框工具中编辑图片

选定图框层的图层缩略图，可以调整图片的位置，如图2-79所示。

图2-79

缩放图片大小，如图2-80所示。

图2-80

选中图框层的画框缩略图，可以调整画框的大小，如图2-81所示。

图2-81

3. 在图框工具中替换图片

在图框层的画框上右击，在弹出的快捷菜单中选择"替换内容"命令，然后选择一张图片并打开，完成图片的替换操作，如图2-82和图2-83所示。

图2-82

图2-83

4. 画出椭圆画框

在"画框工具"的属性栏中选择"椭圆画框" ⊗，则可以使用鼠标画出圆形的画框，如图2-84和图2-85所示。

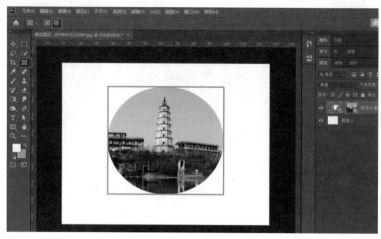

图2-84

图2-85

2.9 变换

本节主要介绍变换工具的使用方法，包括自由变换、缩放、旋转、斜切、扭曲、透视、变形，以及自由变换工具的多种使用方法。

2.9.1 自由变换

"自由变换"是指可以通过自由缩放、旋转、倾斜、扭曲、透视和变形命令来变换对象的工具。可以在菜单栏中选择"编辑"→"自由变换"命令或按Ctrl+T组合键来使用。缩放、旋转、倾斜、扭曲、透视、变形等操作可以通过选择菜单栏中的"编辑"→"变换"命令实现，也可在自由变换的情况下右击，在弹出的快捷菜单中进行选择。

使用自由变换时，如果是单独图层并且加锁，那么是不能执行"自由变换"命令的，只有解锁图层后或者切换到其他图层才可以使用。在使用自由变换时，图像周围会出现一个边框，这个边框被称为定界框，定界框有4个定点和4个中点，这些点用来对图像进行缩放和拉伸，如图2-86所示。

图2-86

功能键包括Ctrl键、Shift键、Alt键，其中Ctrl键控制自由变化；Shift控制方向、角度和等比例放大缩小；Alt键控制中心对称。

在Photoshop中导入图片，确保选择的图层是新建图层，在菜单栏中选择"编辑"→"自由变换"命令或按Ctrl+T组合键，在图形的四周会出现定界框，如图2-87所示。在自由变换中的操作都是通过拖动矩形框的各个控制点实现的。为了更直观地理解，这里进行了标注，如图2-88所示，四周为1～8号控制点，中心以0为标注。0点是旋转、缩放、翻转的中心点。只有按住Alt键拖动其余控制点，才可以以0点为中心整体缩放。

图2-87

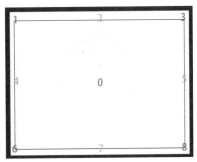

图2-88

2.9.2　缩放

"缩放"也可称为拉伸，其有水平、竖直两个方向。在"自由变换"的状态下，直接通过定界框上的控制点来拉伸图像，默认是以左下角的点进行缩放，拉伸此点可以朝单一方向改变图像，如图2-89所示。按住Shift+Alt组合键以中心点为基准拖动控制点，可等比例缩放图像，如图2-90所示。

图2-89

图2-90

2.9.3　旋转

将光标置于自由变换定界框之外时，光标将变为"↰"，此时拖动光标即可旋转图形，如图2-91所示。

旋转图像的同时按住Shift键可锁定每次旋转的角度为15°，这在做一些特殊角度（如45°、90°）的旋转时很方便。注意属性栏中的旋转角度数值，如果顺时针旋转则角度为正数，逆时针旋转则角度为负数。因此，如果需要手动输入一些特殊的角度，要先想清楚方向，再决定输入正数或负数，效果如图2-92所示。也可以在旋转命令执行的情况下右击，对图像进行90°旋转、180°旋转、水平翻转、垂直翻转等。

图2-91

图2-92

2.9.4　斜切

在自由变换的状态下右击，在弹出的快捷菜单中选择"斜切"命令，拖动四个对角控制点可以任意移动图像形状，拖动边的中点则可以使该边在其延长线上移动，如图2-93所示。选择角或边移动时按住Alt键则可以同时改变对边或对角，如图2-94所示。

图2-93

图2-94

2.9.5　扭曲

任意地移动边或角的位置则可以改变图像形状，可以说扭曲就是更加自由的斜切，斜切中每次改变边和角都有方向的限制，而扭曲则没有，如图2-95和图2-96所示。

图2-95　　　　　　　　　　　　　　　图2-96

PS 2.9.6　透视

透视效果简单地说就是近大远小，比如一条马路近的部分看起来较宽，远的部分看起来越来越窄，直到消失。可以通过拖动控制点实现图像的透视变化，如图2-97和图2-98所示。

图2-97　　　　　　　　　　　　　　　图2-98

PS 2.9.7　变形

变形可以产生自由度很高的变换效果，可以在执行"自由变换"（快捷键为Ctrl+T组合键）命令后右击，在弹出的快捷菜单中选择"变形"。Photoshop CC 2020对这项功能进行了完善，首先是图形的拆分由以往固定的3×3，变成了3×3、4×4、5×5可选，同时每个锚点上除了可以像以前一样直接拖曳外，又增加了调节手柄，可以更精准地对变形效果进行控制。此外也可以利用顶端工具栏，手工建立拆分线，来适应更加复杂的变形场景，如图2-99所示。

图2-99

2.10 图像的颜色

本节主要介绍图像颜色的相关概念和运用方法，包括图像的曲线、色阶、色相、饱和度、明度、色彩平衡、匹配颜色等。

Ps 2.10.1 曲线

Photoshop提供了众多的色彩调整工具，其中"曲线"是最基础的工具之一，"曲线"可以通过调节线对图像的亮度进行综合调节。图2-100中远处的山属于暗调区域，天空属于高光区域，近处的建筑物属于中间调区域。

首先，在菜单栏中选择"图像"→"调整"→"曲线"命令，将会弹出图2-101所示的"曲线"对话框，其中有一条与水平线夹角为45°的线段，这就是所谓的曲线了，上方有"通道"选项，默认为RGB。

图2-100

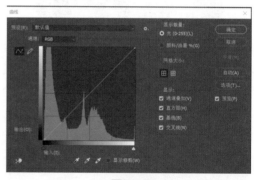

图2-101

Photoshop将图像的暗调、中间调和高光通过这条线段来表示，如图2-102所示，线段左下角的端点代表暗调，右上角的端点代表高光，中间的过渡部分代表中间调。注意垂直方向和水平方向各有一条从黑到白的渐变条。水平方向的渐变条代表了绝对亮度的范围，所有的像素都分布在0～255。为保持一致性，使用默认的左黑右白、下黑上白的渐变条。垂直方向的渐变条代表了变化的方向，对于曲线上的点，向上移动是增强，向下是减弱，有高、中、低之分。

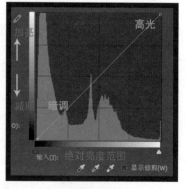

图2-102

Ps 2.10.2 色阶

"色阶"是Photoshop的一个基础色彩调整工具，并不经常使用。在菜单栏中选择

"图像"→"调整"→"色阶"命令，会弹出"色阶"对话框，如图2-103所示。水平x轴方向代表绝对亮度，范围为0～255；垂直y轴方向代表像素的数量，但y轴有时并不能完全反映像素数量。

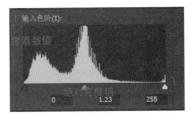

图2-103

打开图2-104所示的图像，在菜单栏中选择"图像"→"调整"→"色阶"命令，弹出"色阶"对话框。注意，色阶图下面有黑色、灰色和白色3个三角形滑块，下方对应的框里则是色阶值0、1.00、255。

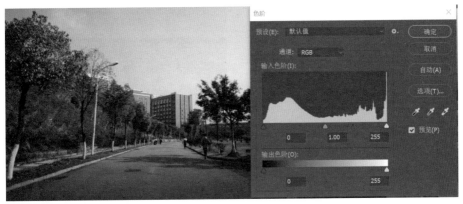

图2-104

其中，黑色三角形代表最低亮度，就是纯黑色，也可以说是黑场，白色三角形滑块就是纯白色，而灰色三角形滑块代表中间调。这种表示方式其实和曲线差不多，只是曲线在中间调部分上可以任意增加控制点，色阶不行。所以在功能上，色阶不如曲线灵活。

将白色三角形往左拉动，直到其对应的色阶减少到166，此时图像变亮。这就是提亮高光区域，合并亮度，也就是说166～255这一范围的亮度都被合并了。因为白色三角形滑块代表纯白色，因此它所在地方的色阶值必须提升到255，之后的亮度也都统一停留在255上，形成一种高光区域合并的效果，如图2-105所示。

图2-105

2.10.3 色相

"色相"是指各类色彩的相貌称谓，如大红、普蓝、柠檬黄等。"色相"是色彩的首要特征，是区别各种不同色彩的最准确的标准。下面对图2-106所示的花卉照片进行色相调节来辅助说明。

在菜单栏中选择"图像"→"调整"→"色相/饱和度"命令，弹出"色相/饱和度"对话框，可以通过调节"色相"滑块改变色相。注意，下方有两个色相色谱，上方的色谱是固定的，下方的色谱会随着"色相"滑块的移动而改变。这两个色谱的状态其实就是在告诉我们色相改变的结果，如图2-107所示。

图2-106

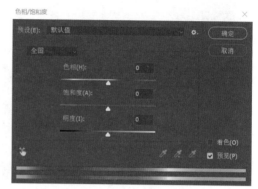

图2-107

2.10.4 饱和度

所谓的"饱和度"指的是色彩的纯度。纯度越高，色彩越鲜明；纯度较低，色彩则较黯淡。改变饱和度的同时下方的色谱也会跟着改变，饱和度调至最低时，图像就变为灰度图像了。对灰度图像改变色相是没有作用的。对比饱和度高和低的效果，如图2-108和图2-109所示。

图2-108

图2-109

PS 2.10.5　明度

"明度"就是亮度，将明度调至最低会得到黑色，调至最高会得到白色。对黑色和白色改变色相或饱和度是没有效果的。

PS 2.10.6　色彩平衡

可以通过基本的颜色调节来改变图像的色彩，操作直观、方便，如图2-110所示。色调平衡选项中将图像分为阴影、中间调和高光3个色调，每个色调可以进行独立的色彩调整。从3个色彩平衡颜色条中可以看出，色彩原理中的互补色构成颜色条：青色与红色、洋红与绿色、黄色与蓝色。

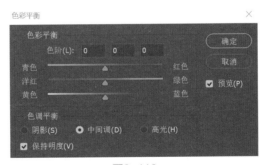

图2-110

PS 2.10.7　匹配颜色

"匹配颜色"可以通过参照另一幅图像的颜色来进行调整，我们经常会看到色调很漂亮的图像，这时就可以通过匹配色彩来实现相应图像的色调。必须在Photoshop中同时打开多幅RGB模式（CMYK模式下不可用）的图像，才能够在多幅图像中进行色彩匹配。打开一幅冷调图和一幅暖调图，如图2-111和图2-112所示。

图2-111 图2-112

要把冷色调的图改成暖色调图中的色调，以暖色调图片为参照匹配颜色。首先，把冷色调的图拖入软件中使其处于编辑状态，再把暖色调的图也拖入此图层，如图2-113所示。单击"背景"图层使其处于编辑层，选择菜单栏中的"图像"→"调整"→"匹配颜色"命令，会弹出如图2-114所示的"匹配颜色"对话框。

图2-113 图2-114

在弹出的对话框中单击"源"，选择暖色调图片路径；再单击"图层"选项卡，选择"暖色调"，如图2-115所示。最后单击"确定"按钮，效果如图2-116所示。勾选对话框中的"中和"复选框，会使匹配颜色的效果减半，这样效果中将保留一部分原先的色调。

图2-115 图2-116

第3章
Photoshop
进阶知识

本章主要介绍Photoshop 中的重要概念，包括文字工具与路径、图层、蒙版、通道、滤镜、Camera Raw以及印刷工艺与输出。

3.1 文字工具与路径

本节主要介绍文字工具的使用和排版方法，及路径的概念和实际操作中如何使用路径。

3.1.1 文字工具

文字工具共有4个，分别是"横排文字工具" T、"直排文字工具" T、"横排文字蒙版工具" T、"直排文字蒙版工具" T。下面将以"横排文字工具"为例来介绍。

单击"横排文字工具"按钮，或按T键或Shift+T组合键，在图像中单击，出现输入光标后即可输入文字，按Enter键换行，按Ctrl+Enter组合键或单击属性栏中的"提交" ✓ 按钮结束文字输入。Photoshop将文字以独立图层的形式存放，输入文字后将会自动建立文字图层，图层名称就是文字的内容，如图3-1所示。

图3-1

如果要更改已输入的文字内容，在选择了文字工具的前提下，将光标停留在文字上方，光标将变为"I"，单击后即可进入文字编辑状态。编辑文字的方法就和通常使用的文字编辑软件，如Word中的文字编辑方法一样，可以在拖动光标选中多个字符后单独更改这些字符的相关设定。

文字工具的属性栏如图3-2所示，下面对其内容逐一予以介绍。

图3-2

（1）**排列方向**：决定文字以横向排列（横排）还是以竖向排列（直排）。选用"横排文字工具"还是"直排文字工具"都无所谓，因为随时可以通过■按钮来切换文字排列的方向。使用时文字层不必处在编辑状态，只需要在"图层"面板中设置即可生效。

（2）**字体**：在选项中可以选择使用何种字体，不同的字体有不同的风格。Photoshop使用操作系统自带的字体，也可以安装其他拥有版权的字体进行使用，操作系统字库的增减会影响Photoshop能够使用的字体。需要注意的是，如果选择英文字体，可能无法正确显示中文，因此，输入中文时应使用中文字体。

（3）**字体形式**：Regular（标准）、Italic（倾斜）、Bold（加粗）、BoldItalic（加粗并倾斜），可以为同一文字图层中的每个字符单独指定字体形式。并不是所有的字体都支持更改形式，如大部分中文字体都不支持。不过即便如此，还是可以通过"字符"面板来指定。

（4）**字体大小**：也称为字号，属性栏中有常用的几种字号，也可手动设定字号。字号的单位有"像素""点""毫米"。

（5）**抗锯齿**：决定字体边缘是否带有羽化效果。一般来说，如果文字较大，应开启该选项以得到光滑的边缘，这样文字看起来较为柔和。但对于较小的文字来说，开启抗锯齿可能会造成阅读困难。这是因为较小的字本身的笔画就较细，在较细的部位应用羽化效果就容易丢失细节，此时关闭抗锯齿选项反而有利于清晰地显示文字。该选项只能针对文字图层整体有效。

（6）**对齐方向**：可以将文字设置为"左对齐文本"■、"居中对齐文本"■或"右对齐文本"■，这对于多行的文字内容尤为有用。可以为同一文字图层中的不同行指定不同的对齐方式。

（7）**颜色**：该选项可以改变文字的颜色，可以针对单个字符，在更改文字颜色时，选择文字后通过"颜色"面板来选取颜色速度较快。

（8）**变形**：可以令文字产生变形效果，可以选择变形的样式并设置相应的参数，变形效果如图3-3所示。 需要注意的是，变形只能针对整个文字图层而不能单独针对某些文字生效。如果要制作多种文字变形混合的效果，可以将文字输入不同的文字图层，然后分别应用变形效果的方法来实现。

图3-3

> **◉提示·•**
>
> 　　文字图层是一种特殊的图层，不能通过传统的选区工具来选择某些文字（转换为普通图层后，即栅格化图层后可以，但不能再更改文字内容），而只能在编辑状态下，拖动光标去选中某些字符。如果选中多个字符，字符之间必须是连续的。在文字的各个选项中，有一些是不能针对单个字符生效的。它们是：排列方向、抗锯齿、对齐方向、变形。其中，除了对齐方向选项可以针对文字生效以外，其余只能针对整个文字图层生效。

⊞ 3.1.2　区域文字排版

　　之前将输入文字的方式称为"行式文本"，特点就是单行输入，换行需要按Enter键，如果不手动换行，文字将一直以单行排列下去，甚至超出图像边界。在设计中频繁地改动布局是常有的事，如此更改文字布局，效率自然低下。

　　针对这种情况，可以使用"框式文本"输入文字。就如同使用"矩形选框工具"一样，用文本工具在图像中拖拉出一个输入框，然后输入文字。这样文字在输入框的边缘将自动换行，如图3-4所示。这样排版的文字也称为文字块。

　　用鼠标拖动输入框周围的几个控制点（将鼠标置于控制点上约1s变为双向箭头）可以改变输入框的大小。如果输入框过小而无法显示全部文字时，右下角的控制点将出现一个加号，表示有部分文字未能显示，如图3-5所示。在输入框4个顶点外部，按住鼠标左键拖曳鼠标可旋转输入框，文字也发生相应旋转，如图3-6所示。

图3-4　　　　　　　　　　　图3-5　　　　　　　　　　　图3-6

前文所说的调整文字输入框只会更改文字输入框的大小和方向，而不会影响文字的大小。在调整时按住Ctrl键则可以对文字的大小和形态加以修改，类似自由变换。按住Ctrl键，拖动文字输入框下方的控制点可产生压扁效果，对其他控制点进行如此操作可以产生倾斜的效果，如图3-7和图3-8所示。

图3-7

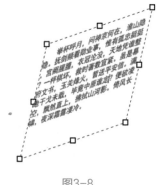
图3-8

在中文习惯的排版中，文字标点是不能放在行首的，图3-9所示第4行的开头是一个逗号，这在中文习惯的排版中是错误的。中文排版对于行首和行尾可以使用的标点是有限制的，称作避头尾。

行首不允许：逗号、句号、感叹号、问号、分号、冒号、省略号、后引号、后书名号、后括号。

行尾不允许：前引号、前书名号、前括号。

在输入过程中很难控制标点位置，可以选择菜单栏中的"窗口"→"段落"命令，弹出"段落"面板，通过调整设置避开标点误放。在"避头尾法则设置"中选择"JIS宽松"，则可自动避开符号，设置后的效果如图3-10所示。

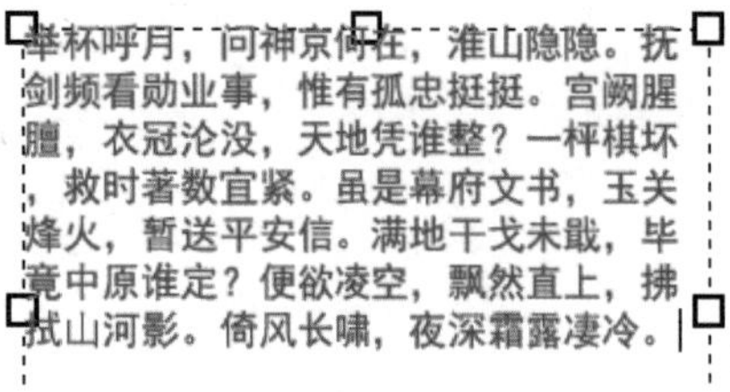

图3-9

图3-10

"左缩进"是将各行第一个字向内移动，如图3-11所示。"首行缩进"是将每个段落首行文字向内移动。默认情况下，段落之间是彼此紧贴的。图3-12所示为将"首行缩进"设为20点的效果。

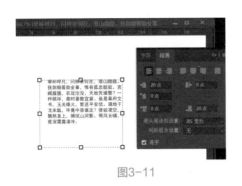

图3-11　　　　　　　　　　　　　　　　　　图3-12

Ps 3.1.3 路径文字排版

"路径文字"排版可以通过绘制路径的方法进行，也可以运用Photoshop中现成的矢量图形来进行文字排列。绘制路径方式排列文字可以是开放式的，也可以是封闭式的，灵活性比较高。如用Photoshop自带的矢量图形，则是封闭性的。下面进行一个Photoshop自带矢量图形文字排列。

新建一个空白文档，在工具栏中单击"自定形状工具"★，在属性栏的选项列表框中选择"形状"。然后在形状列表框中选择星形图案，并选取一个颜色，如图3-13所示。

图3-13

在空白文档上绘制一个星形图案，绘制过程中按住Shift键保持长宽比例不变，这样其实就建立了一个带矢量的色彩填充层。双击图层缩略图，可以更改填充的颜色，如图3-14所示。

图3-14

单击"横排文字工具"，使光标停留在这个星形路径上，依据停留位置的不同，光标会有不同的变化。当光标停留在路径线条上时显示为 ，表示沿着路径走向排列文字，出现文字输入光标后输入文字，如图3-15所示。当光标停留在图形内时显示为 ，表示在封闭区域内排列文字，出现文字输入光标后输入文字，如图3-16所示。一般来说，在封闭的区域内排列文字，都要进行一些设置以达到较好的视觉效果，如适当设置左缩进数值、右缩进数值、居中等。

图3-15

图3-16

下面进行一个矢量图形文字排列练习，先在工具栏中单击"自定形状工具"，在属性栏的选项列表框中选择"路径"，然后在形状列表框中选择星形图案，如图3-17所示。

图3-17

在空白文档中用星形图案画一个星形路径，如图3-18所示。单击"横排文字工具"，将光标停留在图案路径上，当光标变成时，输入一段文字，效果如图3-19所示。

图3-18

图3-19

在已经完成的路径文字中，可以更改文字在其路径上的位置。方法是使用"路径选择工具"。此工具是用黑色箭头表示，而"直接选择工具"是用白色箭头表示。单击"路径选择工具"，将光标移动到文字上，根据位置的不同光标会变为和，它们分别表示文字的起点和终点，因此分别称其为起点光标和终点光标。

如果两者之间的距离不足以完全显示文字，终点标记将变为，表示有部分文字未显示。如果将起点或终点光标向路径的另外一侧拖动，将改变文字的显示位置，同时起点与终点将对换，将文字从路径内侧移动到路径外侧，如图3-20和图3-21所示。

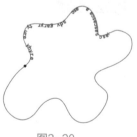
图3-20

图3-21

3.1.4　路径

　　"路径"的概念是Photoshop三大基础概念之一，"路径"在操作中主要被用来建立一个封闭区域，在这个区域内可以进行类似填充或色彩调整的操作。路径是矢量的、具有灵活性的，而所谓灵活性，一是针对其创建，二是针对其修改。

疑问解答

怎么理解路径？

　　"路径"是矢量的，路径可以是与选区类似的封闭区域，也可以只是一条首尾并不相连的线段，分别称作封闭路径和开放路径。而线段可以是直线形式也可以是曲线形式，或两者兼而有之。再者，路径在Photoshop中是矢量的，本身并不能直接构成图像的一部分，只有在将其作为图层蒙版或填色及画笔描边后，才可以对图像像素产生影响。这与选区类似，单纯的创建或修改选区也不能直接令图像发生改变。

　　在Photoshop中只有特定的几个工具能够针对路径进行操作，它们分别是"钢笔工具"、"自由钢笔工具"、"弯度钢笔工具"、"添加锚点工具"、"删除锚点工具"、"转换点工具"，这6种工具用来绘制及修改路径。此外，还有"路径选择工具"和"直接选择工具"，这二者都是用来选取路径的，但在功能上有所区别。

　　单击工具栏中的"钢笔工具"，在属性栏中可以选择"路径"。如果选择"形状"，可在单独的形状图层中创建形状，并产生色彩填充效果。形状图层由填充区域和形状两部分组成，填充区域定义了形状的颜色、图案和图层的不透明度，形状则是一个矢量图形，它同时出现在"图层"面板中，如图3-22所示。

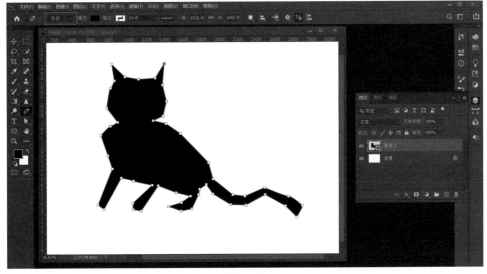

图3-22

🔲 3.1.5 锚点

"锚点"的英文为anchor，在许多矢量绘图软件（如CorelDRAW）和三维制作软件（如3ds Max、Rhino）中都有这个。新建一个空白文档，在工具栏中单击"钢笔工具"，此时将光标移到文档内，然后依次在文档中的5个不同地方单击，会看到5个点形成了一个路径，如图3-23所示。可以看到图中的5个点都呈方块状，这些点称为锚点。

绘制路径的过程实际上就是指定锚点位置的过程，锚点的位置决定路径的走向。需要使用"直接选择工具"才可以移动锚点。先切换到"直接选择工具"，在路径上任意位置单击，会看到路径上的各锚点都以空心方块显示，然后在其中的第2个锚点上单击，会看到其变为了实心方块，如图3-24所示。实心方块就表示该锚点（也可以是多个锚点）处于被选择状态，现在可以使用"直接选择工具"移动锚点，在移动过程中鼠标光标显示为▶。

图3-23　　　　　　　　　　　　　　　图3-24

可以同时移动多个锚点，先选择一个锚点，按住Shift键单击其他的锚点即可将其加上。如果按住Shift键单击已处于选择状态的锚点，则会取消该锚点的选择。也可以在锚点之外按住鼠标左键拖动光标，框选多个锚点。

删除路径上现有锚点的方法是使用"钢笔工具"，将光标移动到现有的锚点之上，注意光标变为↳，此时单击即可删除该锚点。如果要添加锚点，就是将光标移动到现有的路径片断上，光标将变为↳，此时单击即可添加一个新锚点。另外，Photoshop提供了专门的"添加锚点工具"和"删除锚点工具"，"添加锚点工具"可直接在没有显示锚点的路径上添加新锚点，它可在路径的任意位置上使用。

总体来说，添加或删除锚点其实都可以由"钢笔工具"来完成，也就是说其已兼备了绘制及修改锚点两个功能。而"添加锚点工具"和"删除锚点工具"属于"专项工具"，主要应用在使用"钢笔工具"可能发生误操作的时候。

🔲 3.1.6 曲线路径

曲线路径在实际中比较常用，其优势是可以很方便地创建曲线。创建直线型路径的方法就是在不同的地方单击，而创建曲线路径是在需要的地方按下鼠标左键并拖动鼠标才能完成，拖动鼠标的操作实际上就是确定曲线的方向线。也就是说，拖动鼠标的程度将会直接影响曲线的弯曲度。

新建一个尺寸合适的白底图像，单击"钢笔工具"，属性栏中应设定为"路径"。将光标移动到图像中，在起点按住鼠标左键并向下拖动光标，松手，然后在第二个地方执行同样的操作，形成一条曲线路径，结束路径绘制。较方便的结束路径绘制方式是按住Ctrl键在路径之外的区域单击，如图3-25所示。

　　如果还需要更进一步调节曲线的形态，就要用到"直接选择工具"，通过"直接选择工具"可以调节曲线的弯曲度，如图3-26所示。

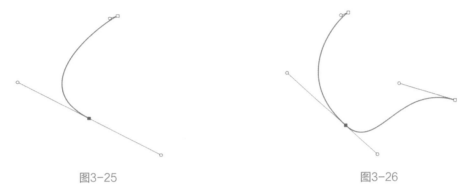

图3-25　　　　　　　　　　　　　　　　　　　　　　图3-26

　　在工具栏中单击"弯度钢笔工具"，画三个或三个以上的点会形成曲线，如图3-27所示。双击某个点可使与该点连接的曲线变为两条直线，如图3-28所示。再次双击该点，两直线可变为曲线。将鼠标指针放在点上，鼠标指针变为带有圆圈的黑色三角形时，可移动该点，这个工具相对画曲线来说非常便捷。

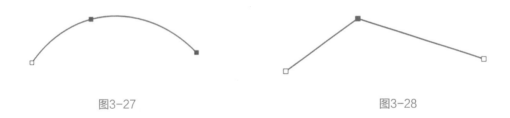

图3-27　　　　　　　　　　　　　　　　　　　　　　图3-28

_{PS} 3.1.7　应用路径

　　路径的应用可以分为两大用途，一是点阵应用，二是矢量应用。

　　通常的点阵应用就是将路径转为选区。使用普通的选区工具很难创建曲线型边缘，而使用路径则很容易，但这种用途也丧失了路径在修改上的优势。路径之所以优秀，有两大原因：一是因为其可以创建曲线，二是因为其修改方便。

　　总体来说，在Photoshop中，选区的最大价值在于建立"蒙版"。那么如果需要将路径转为选区，其目的大多数也是为了建立蒙版。此外，路径也可以用来描边。路径是开放式的，因此，描出来的边是开放线段，这比起选区来就更具有灵活性。但描边属于点阵应用，因为描边的成品存放于普通图层中，不再具备矢量特性。

疑问解答

保存路径文件的格式有什么特点？

虽然在Photoshop中可以看到路径，但保存为其他的图像格式，如JPG、GIF、BMP等时，路径并没什么意义。一定要将路径加以应用才能对图像产生实质性的影响。另外，如果要保存路径信息，应该将图像存储为PSD文件格式，正如同要保存图层信息一样。其他的图像格式无法保留，所以大家要注意保存好PSD源文件。

3.1.8 路径转为选区

如何将"路径"转为选区？首先在工具栏中单击"自定义形状工具"，画一个星形图案，切换到"路径"面板，如图3-29所示。然后单击面板下方的"将路径作为选区载入"按钮，即可转为选区，也可按Ctrl+Enter组合键，或按住Ctrl键单击"路径"面板中的缩略图，就会看到选区被建立，如图3-30所示。

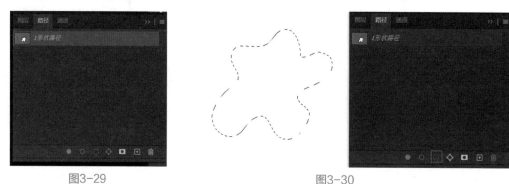

图3-29   图3-30

此外，"路径"面板中的 按钮的功能是描边， 按钮的功能则是填充颜色，这二者都属于点阵应用，点阵意味着其效果是作用于图层的，因此还要正确地选择图层。

3.1.9 路径表现形式

Photoshop路径的绘图方式其实也可以理解为表现形式，共有3种，即形状、路径、像素，可在顶部的属性栏中选择，如图3-31所示。

图3-31

（1）**形状**：携带矢量信息，直接对图像产生影响，与图层选择无关。所绘制的路径将自动被应用，成为新建纯色填充层的蒙版。

（2）**路径**：携带矢量信息，对图像不产生影响，与图层选择无关。单纯用于绘制路径，不做其他应用。

（3）**像素**：不携带矢量信息，直接对图像产生影响。与图层选择有关，所绘制的路径将自动转为图层中的点阵色块。

疑问解答

形状图层与填充像素的关系?

在应用范围上，大体上以形状为主，因为其形状可以产生矢量化的色块，方便进行变换和修改图像，若再为其添加图层样式，则可以实现不同的制作效果。其次是路径，主要用在除了蒙版以外的矢量，如创建选区和描边等；像素应尽可能少使用，因为像素画面效果与形状图层完全一样，但不具备形状图层的矢量和随时更改填充颜色的功能。即使在一些必须使用点阵图层时（如使用滤镜），形状图层也可以通过栅格化转为普通的点阵图层。所以从理论及实践上来看，形状图层可以取代填充像素。

PS 3.1.10 路径运算

"路径"的另外一个很重要的操作就是运算。与选区一样，路径也具备添加、减去、交叉等运算功能。现在通过形状图层来学习。因为形状图层会在图像中产生一个色块，这样就很容易观察到路径运算的效果。

在顶部属性栏中选择"形状"，然后选择运算方式，如图3-32所示。

图3-32

运算方式分别如下。

（1）**新建图层**■：使用形状工具所绘制的形状将作为新的颜色填充图层。

（2）**合并形状**▣：所绘制的形状将与原有的形状区域共同产生填充颜色效果，如图3-33所示。

（3）**减去顶层形状**▣：从原有的形状中减去填充色区域，如果没有重叠则没有减去效果，如图3-34所示。

图3-33   图3-34

（4）**与形状区域相交**▣：在多个形状区域的重叠部分填充颜色，如图3-35所示。

（5）**排除重叠区域**▣：在多个形状区域的重叠部分以外填充颜色，如果没有重叠则等于添加，如图3-36所示。

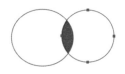

图3-35

图3-36

也可以利用文字的矢量特点来设计文字类型的徽标。新建一个空白文档，使用文字工具在其中输入"XO"，如图3-37所示。输入文字后在菜单栏中选择"文字"→"转换为形状"命令，将文字转为形状，在属性栏中选择"合并形状" ▣ ，用"矩形工具" ▣ 画一个矩形，这样3个形状就合并到一起了，底部的连字效果就体现出来了，如图3-38所示。

图3-37

图3-38

在字母"X"上方用一个矩形制作打断效果，如图3-39所示。在属性栏中选择"减去顶层形状" ▣ ，画一个矩形来减去文字的一部分，完成后的效果如图3-40所示。

图3-39

图3-40

可以对文字进行锚点移动，单击工具栏中的"转换点工具"，对字母"O"进行转换调节，再结合"路径选择工具"和"直接选择工具"移动文字中的控制锚点进行调整，效果如图3-41和图3-42所示。

图3-41

图3-42

一般来说，字库中的字体种类较少。在图标设计中为了满足不同的设计效果要求，这种利用文字建立大致的路径然后进行修改的方法是很常用的。通常的修改都是为了营造整体感，最常用的就是制作连笔，通过可以相连又不会造成歧义的笔画实现特殊效果。掌握相连与合并的技巧，就可以很容易地设计出文字图标。

3.2　图层

本节主要介绍图层的概念、"图层"面板的组成部分、图层的层次关系、图层链接、图层组、图层混合模式以及智能对象。

Ps 3.2.1　图层的概念

图层在Photoshop中扮演着非常重要的角色，在对图像进行绘制或编辑时，所有的操作都是基于图层的。所以，在Photoshop中打开的图像都有一个或多个图层。最初图层的概念来自动画制作领域，动画制作人员使用透明纸来绘图，将动画中的变动部分和背景图分别画在不同的透明纸上，这样就不必重复绘制背景图了，需要时将透明叠放在一起即可。

那么，图层概念可以这样理解，假如背景是一张胶片，图层就像含有图像和文字等元素的胶片，一张一张按顺序叠放在一起，最后组合形成页面的最终效果。每增加一个图层就相当于添加一张独立、透明的胶片，一直可以看到背景层，因为图层是透明的。无论在这层纸上如何涂画，都不会影响到其他图层中的图像，也就是说，每个图层可以进行独立的编辑或修改。如果建了5个图层，并想在某一图层进行编辑操作，一定要选择那个图后再编辑。

> ◎提示·◎
>
> Photoshop中的图层具有多种特性，分别如下。
>
> • **独立**：图像中的每个图层都是独立的，当移动、调整或删除某个图层时，其他图层不受任何影响。
>
> • **透明**：图层可以看作是透明的胶片，未绘制图像的区域可以查看下方图层的内容。将众多的图层按一定顺序叠加在一起，便可得到复杂的图像。
>
> • **叠加**：图层由上至下叠加在一起，并不是简单的堆积，而是通过控制各图层的混合模式和选项之后叠加在一起的，这样可以得到千变万化的图像合成效果。

以下面的例子来理解图层的概念，想象一下，背景层是一张纸，在纸上铺一层透明的塑料薄膜，把草地画在这张透明薄膜上。画完后再铺一层薄膜，画上蓝天，再铺一层薄膜，画上大树，最后再铺一层薄膜，画上太阳，如图3-43所示。将草地、蓝天、大树、太阳分为4个透明薄膜层，最后可以看到分图层叠加的效果。

也可以不分图层，直接在背景图层上绘制完这个图，但是分图层绘制的作品具有很强的可修改性，如果觉得太阳的位置不对，可以单独移动太阳那层薄膜以达到修改的效果，而其余的天空等部分不受影响，因为它们被画在不同层的薄膜上，如图3-44所示。这就是分图层与不分图层的最大区别。分图层这种方式，极大地提高了后期修改的便利度。因此，将图像分层制作是作图最重要的基本要素之一。

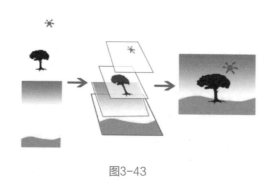

图3-43

图3-44

Ps 3.2.2　"图层"面板的组成部分

"图层"面板包含了丰富的图层相关信息，下面来了解其主要的组成部分，如图3-45所示。

（1）**不透明度**：可以调节所选图层的不透明度。

（2）**指示图层可见性**：图层可见性用 ● 按钮表示，单击此按钮，可以对图层进行显示和隐藏操作，如灯亮可以看见，关灯则看不见。如果按住Alt键单击某图层的"指示图层可见性"图标，将会隐藏除此之外所有的图层。再次按住Alt键单击某图层的"指示图层可见性"图标，即可恢复其他图层的显示。

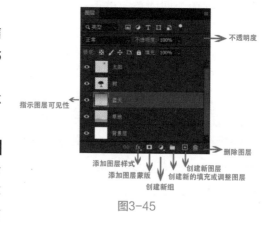

图3-45

（3）**创建新图层**：单击此图标，可以在原有的图层上新建一个透明的新图层。

（4）**删除图层**：选择想要删除的图层，按住鼠标左键将其拖动到垃圾桶图标 ■ 上，这个图层就被删除了。也可以按Delete键或BackSpace键删除所选择的图层。

（5）**创建新的填充或调整图层**：可以改变选中图层的亮度、色彩平衡、色相等参数信息。

（6）**创建新组**：在图层多的情况下，可以把相关的图层移动到一个组里，有利于管理编辑。

（7）**添加图层蒙版**：可以在选中的图层上添加一个蒙版，后面章节会介绍蒙版的相关内容。

（8）**添加图层样式**：为选中的图层进行混合效果，如描边、浮雕、阴影等效果。

1. 新建图层

如果新建图像时选择白色背景色，那么新图像中就会有一个背景层存在，并且有一个锁定的标志🔒，如图3-46所示。

2. 更改图层命名

如果只想更改图层名称，直接在"图层"面板中双击图层名称，将会出现输入框，如图3-47所示，注意不要双击图层名称之外的区域，可以使用中文为图层命名。

图3-46

图3-47

🔲 3.2.3　图层的层次关系

对图层的任何操作都应该是有针对性的，被选中的层才可以移动或是进行其他的操作，这个原则很重要。例如，在使用"画笔工具"绘制时，就必须先明确要绘制在哪个层上。把应该分层制作的部分绘制在了同一层上，这样不利于后期修改，虽然在绘制的时候图像显示上是看不出来的，但是移动所绘制的图像时就可以感觉到。所以作图时一定要时刻记着图层这个概念。

虽然在Photoshop中可以同时选择多个图层，使用"移动工具"也可以同时移动多个图层，但画笔等绘图类工具只能在一个图层中使用，不可能同时在多个图层中绘制图像。后面要学习的滤镜也只能对单个图层产生作用。因此，要随时注意当前选择的图层是否正确。选择图层的方法就是在"图层"面板中相应的层上单击。

在前面部分我们已经感觉到图像中的各个图层间是有层次关系的，体现层次最直接的效果就是遮挡。位于"图层"面板下方的图层层次是较低的，越往上层次越高，就好像不断往上堆叠的汉堡一样。位于较高层次的图像内容会遮挡较低层次的图像内容。改变图层层次的方法是在"图层"面板中选中图层往上方或下方拖动，可跨越多个图层。但是尽管把所选图层拖到最底部，其也会在背景层之上，因为背景层有其特殊性。

◎提示·◎

背景层的特点

（1）背景层层次位于最底部且层次不能改变，即无法移动、无法改变不透明度。

（2）背景层可以直接转化为普通图层，普通图层也可以通过合并成为背景层。

（3）背景层并不是必须存在的，但一幅图像只能有一个背景层存在。

PS 3.2.4 图层链接

在作图中如果需要多个图层一起移动，就需要"图层链接"，这个功能通俗来说就是将几个图层用链子锁在一起，这样即使只移动一个图层，其他与其处在链接状态的图层也会一起移动。

使用链接图层的方法如下，按住Shift键的同时单击大树、蓝天、草地图层，如图3-48所示。再单击"图层"面板下方的"链接"按钮 ，就实现了所选择图层的互相链接。图层后面会显示链接图标，如图3-49所示。几个图层被链接以后，移动它们之中任何一层，其余的图层都会随之移动。

图3-48   图3-49

解除图层链接的方法是：选择处在链接中的图层，单击"图层"面板下方的"链接"按钮 ，便可解除多个图层的链接。

无论是同时选择多个图层，还是将多个图层组成链接，有很多针对单个图层的操作都无法使用，如改变不透明度、用画笔绘图、调整色彩、删除图层、复制图层，还有今后要学习的滤镜等，都还是只能针对单个图层有效。

PS 3.2.5 图层组

制作过程中有时用到的图层数会很多，尤其在网页设计中，超过100层也是常见的。这会导致即使关闭缩览图，"图层"面板也会拉得很长，查找图层很不方便。虽然前面学过使用合适的文字去命名图层，但实际使用中为每个层输入名字也很麻烦。

为了解决"图层"面板过长的问题，Photoshop提供了图层组功能。

"图层组"的原理就是将多个层归为一个组，这个组可以在不需要操作时折叠起来，无论组中有多少图层，折叠后只占用相当于一个图层的空间。

建立新图层组，单击"图层"面板下方的 按钮，注意新组的层次在之前所选择图层之上，如图3-50所示。如果之前没有选择任何图层，则新建的组将位于最顶部。展开或是折叠可以从 按钮左边的三角箭头得知。箭头向下为展开，向左为折叠。新组默认是处于展开状态的。

可通过"图层"面板将现有的图层拖入空组中，如图3-51所示。选择一个或多个图层，直接拖动到图层组的名称上。如果拖入的是多个图层，各图层原先的层次关系保持不变。图层原先的颜色标志也将保留。

图3-50

图3-51

　　位于同一个图层组中的图层相当于一个整体，这表现在以下两个方面。

　　（1）即使组中的各图层没有链接关系，它们也可以被一起移动、变换、删除、复制。前提是必须选择图层组，单独选择组中的层是无法整体移动图层组的。

　　（2）图层组也具有不透明度的选项。在选择图层组后可通过数字键快速设定图层组的不透明度，同时图层组也具有混合方式。

■ **复制图层组**

　　将图层组拖动到"图层"面板下方的"创建新图层"按钮 ⊡ 上即可复制图层组，如图3-52所示。这种复制方式比较方便，能够提高作图效率。还可以用同样方法复制选择的单个图层。

图3-52

3.2.6 图层混合模式

　　所谓"图层混合模式"就是指上层图层与其下层图层的色彩叠加方式，即相邻两个或多个图层之间的融合关系。这里下层图层的颜色是基色，上层图层的颜色是混合色，混合之后的效果称为结果色。当只有一个图层时不会形成混合的效果，起码要有两个图层才能实现图层的混合模式。

　　总结公式为：上层图层颜色+下层图层颜色+（应用图层混合模式）=新的效果。图层混合示意图如图3-53所示。

图3-53

1. 图层混合模式的类别

Photoshop共有27个图层模式，自动分为6组，每一组都会产生相似的效果如图3-54所示。

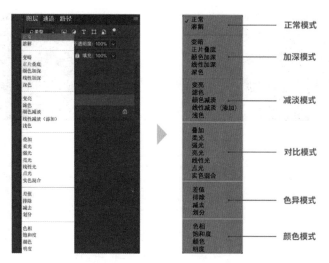

图3-54

- 第一组：正常模式，需要降低图层的不透明度才能产生效果。
- 第二组：加深模式，让图像变暗，使用时白色将被较暗的颜色替代，是比较常用的模式。
- 第三组：减淡模式，让图像变亮，图像中的黑色被较亮的颜色替代，也属于常用的模式。
- 第四组：对比模式，增强图像的对比度，也是常用的模式组。
- 第五组：色异模式，通过图层之间的比较而形成的一种反差的效果，属于不常用的模式。
- 第六组：颜色模式，依据色彩中3个属性（色相、饱和度、明度）对图像进行混合。

2. 常用的图层混合模式

（1）**正片叠底**：去掉白色，深色部分与下层进行混合。

（2）**滤色**：去掉黑色，浅色部分与下层进行混合。

（3）**柔光**：去掉中性灰，深色和浅色部分与下层进行混合。

下面主要介绍加深模式中的"正片叠底"。基色与混合色以正片叠底的模式混合，得到的结果色是比较暗的颜色。

当基色为黑色，混合色为白色时，以正片叠底的模式，得到的结果也一定是黑色，如图3-55所示。

基色   混合色   结果色

图3-55

当基色依然是黑色，混合色为彩色时，正片叠底的模式得到的结果色同样是黑色。也就是，任何颜色的图像与黑色以正片叠底模式混合时，都会被黑色"吃掉"，如图3-56所示。

图3-56

将基色和混合色互换位置，当基色为彩色，混合色为黑色，以正片叠底的模式混合时，得到的结果色是黑色，如图3-57所示。

图3-57

同样基色为白色，混合色为彩色时，以正片叠底的模式混合得到的结果色就是彩色。也就是使用正片叠底模式时，图像中的白色会被任何颜色所替代，如图3-58所示。

图3-58

3. 化妆工具案例

该案例主要说明去底免抠图的运用。在Photoshop中打开两张图片，把图片图层放在背景层上面，如图3-59所示。

图3-59

在图层混合模式中选择"正片叠底"，可以看到白色部分被背景色覆盖，整体颜色也有点偏暗，这样实现了去底免抠背景图的效果，如图3-60所示。针对于这样的白底图片，用正片叠底的模式混合就免去了抠图的步骤，这是常用的一种方法。

图3-60

4. 人物案例

下面再来看一个给图像着色的运用案例。可运用正片叠底给图像着色，需要着色的图像最好是单色的，或者处理成单色后再着色，这样得到的图像颜色比较纯粹，方便后期的设计，如图3-61所示。

图3-61

首先在Photoshop中打开一张黑白图片，这张图片是单色的，如图3-62所示。在广告设计时，若需要表现一种特殊的产品气质效果，就可以通过给它添加颜色来实现。新建一个背景层页面，填充为紫色，如图3-63所示。

图3-62

图3-63

这张图片展示了一种性感、迷人的气质，选择用紫色为其着色，这样比较符合模特与产品的形象气质。把图片拖到新建的紫色图中，再选择图层混合模式为"正片叠底"，效果如图3-64所示。

图3-64

PS 3.2.7　智能对象

"智能对象"是一个嵌入当前文档的文件，它包含栅格或矢量图像，如 Photoshop 或 Illustrator 文件中的图像数据的图层。智能对象将保留图像的源内容及其所有原始特性，执行非破坏性变换，对图层进行缩放、旋转、斜切、扭曲、透视变换或使图层变形，而不会丢失原始图像数据或降低图像品质，不会影响原始数据。但是对色彩或者明暗进行调整时，就会显示要先将智能对象图层栅格化才能进行。

在菜单栏中选择"文件"→"打开为智能对象"命令，可以选择一张图片作为智能对象打开，在"图层"面板中，智能对象的缩览图右下角会显示智能对象图标，如图3-65所示。

图3-65

1. 智能对象的优势

（1）智能图层对象对应普通图层对象。智能图层对象可以任意放大或缩小，不会对其本身的清晰度产生任何影响，是非破坏性的，便于后期进行各种还原操作。对普通图层对象进行放大或缩小等操作后，会改变源对象的像素值、清晰度，且无法还原。

（2）编辑一个智能对象，所有的智能对象都会被一起编辑。如果把一个或者几个图层转换为智能对象，然后对其中任意一个图层进行编辑处理，其他几个图层都会发生相同的变化，这样在处理图层较多的图片时就会很方便。也可以将任意一个智能对象的图层单独提到图片外，成为一个单独的图片，然后对它进行编辑处理，处理完成后，再把它还原进原来的图片，这时其他所有智能对象的图层也会跟着加进被单独提出来那个图层上的编辑效果。

（3）智能对象强大的替换功能。在Photoshop中可以将某个图层上添加的所有图层样式复制粘贴到另外一个图层上，但它局限于同一张图片的图层；对某张图片上智能对象的图层执行一系列的调整后，可以很方便地将这些编辑应用到另外一张图片上，只要右击，在弹出的快捷菜单中选择"替换内容"命令，就会将A图片上的编辑效果复制粘贴到B图片上。

2. 在文档中置入智能对象

打开一个文件，如图3-66所示，在菜单栏中选择"文件"→"置入嵌入对象"命令，可以将另外一个文件作为智能对象置入当前文件，如图3-67所示。

图3-66

图3-67

选择智能对象所在的图层，如图3-68所示，在菜单栏中选择"图层"→"智能对象"→"栅格化"命令，可以将智能对象转换为普通图层，原图层缩览图上的智能对象图标会消失，如图3-69所示。

图3-68

图3-69

3.3 蒙版

本节主要介绍蒙版的概念、普通蒙版、剪贴蒙版、矢量蒙版和快速蒙版的应用。

3.3.1 蒙版的概念

"蒙版"是用来屏蔽（即隐藏图层）内容的。蒙版不会破坏图像，并能够提供更多的后期修改空间。

在进行图形处理时，常常需要保护一部分图像。蒙版是一种特殊的选区，但它的目的并不是对选区进行操作，而是保护选区，以使它们不受各种处理操作的影响。它可以遮盖住处理区域中的一部分，当对处理区域内的整个图像进行颜色改变、添加滤镜等操作时，被蒙版遮盖起来的部分就不会受到影响。

可以这样理解蒙版的概念，就是在手机上贴一张玻璃膜，这张玻璃膜可以理解为是一块透明的"版"，把玻璃膜贴上的动作可以称为"蒙"。贴上玻璃膜也就是蒙上玻璃"版"，就是蒙版了。由此得到对蒙版的第一印象，它利用一层"蒙"在图层上面的"版"来达到屏蔽（即隐藏）图层部分内容的目的。玻璃本身是透明的，要达到隐藏图层内容的目的，需要将其"涂黑"才可以，涂黑后的区域自然是看不见了，如图3-70所示。

图3-70

"蒙版"还可以达到这样的效果：当蒙版的灰度色深增加时，被覆盖的区域会变得更透明。利用这一特性，可以用蒙版改变图像中不同位置的透明度，甚至可以代替"橡皮工具"在蒙版上擦除图像，而不影响到图像本身。

"蒙版"是用来屏蔽图层的某些区域的，那么就应该要有一个指定屏蔽区域的步骤，这个步骤就是建立选区，因此，蒙版总是与选区相关联。如果已经创建好了选区，用其建立蒙版的操作是比较容易的，所以说创建蒙版的关键是建立适当的选区，如图3-71和图3-72所示。蒙版的功能就是把图片蓝色背景部分屏蔽了，显示出铅笔。

图3-71

图3-72

> **◎提示·•**
>
> 　　蒙版的主要作用有：抠图、淡化图像的边缘、图层间的融合。

如果要删除蒙版，可以在"图层"面板的蒙版缩览图上右击，在弹出的快捷菜单中选择"停用蒙版"命令就可以了，效果如图3-73所示，红色的叉说明蒙版被停用了。停用和删除在画面效果上是相同的，也可以将蒙版缩览图拖动到垃圾桶标志 🗑 上（注意不要拖动图层缩览图），还可以选择蒙版后单击 🗑 按钮，将会出现图3-74所示的对话框，单击"删除"按钮即完成删除蒙版的操作。

图3-73

图3-74

PS 3.3.2 普通蒙版（图层蒙版）

先将背景层转换为普通图层（按住Alt键的同时在"图层"面板中双击背景图层），背景层缩略图后面的锁定标志消失，因为背景层是无法使用蒙版的。

用"快速选择工具"建立选区，如图3-75所示。在菜单栏中选择"图层"→"图层蒙版"→"隐藏选区"命令，隐藏选区中的天空部分，完成后的效果如图3-76所示。在原有的图层缩览图右方有一个蒙版缩览图，类似通道的黑白色，可以运用这种形式来抠图。

图3-75

图3-76

疑问解答

蒙版中的白色和黑色分别代表什么？

蒙版中的白色表示图层有效，就是看得见图层的内容；黑色表示图层无效，也就是将图层中的该区域屏蔽，看不见图层的内容。如果针对蒙版来说，蒙版中的黑色区域意味着蒙版发挥了屏蔽作用，白色区域则意味着没有发挥屏蔽作用。

除了通过菜单建立蒙版外，还可以单击"图层"面板下方的■按钮直接建立蒙版，效果等同于选择"图层"→"图层蒙版"→"显示选区"命令。如果在无选区情况下单击该按钮，效果等同于选择"图层"→"图层蒙版"→"显示全部"命令。

3.3.3　**剪贴蒙版**

　　"剪贴蒙版"由两个或两个以上的图层组成，最下面的一个图层为基底图层（简称基层），位于其上的图层为顶层。基层只能有一个，顶层可以有若干个。Photoshop的剪贴蒙版可以这样理解：上面图层是图像，下面图层是外形。剪贴蒙版的好处在于不会破坏原图像（上面图层）的完整性，并且可以随意在下层图层处理。用一张图片做剪贴蒙版练习，如图3-77所示。

图3-77

　　在Photoshop中新建一个空白页面，然后在工具栏中单击"椭圆工具"按钮 ，在属性栏中选择"形状"，画一个椭圆形，如图3-78所示。导入素材图片，放在椭圆形图层的上面，如图3-79所示。

图3-78

图3-79

　　在图片选择了层级的情况下，选择菜单栏中的"图层"→"创建剪贴蒙版"命令，或者按Alt+Ctrl+G组合键即可创建"剪贴蒙版"，也可以在图层上面单击鼠标右键，选择"创建剪贴蒙版"命令，完成后的效果如图3-80所示。

图3-80

◎提示·◦

剪贴蒙版与图层蒙版的区别

（1）从形式上看，普通的图层蒙版只作用于一个图层，给人的感觉好像是在图层遮挡上面一样。但剪贴蒙版却会影响一组图层，而且是位于被影响图层的最下面。

（2）普通的图层蒙版本身不是被作用的对象，而剪贴蒙版本身是被作用的对象。

（3）普通的图层蒙版仅影响作用对象的不透明度，而剪贴蒙版除了影响所有顶层的不透明度外，其自身的混合模式及图层样式都将对顶层产生直接影响。

Ps 3.3.4 矢量蒙版

"矢量蒙版"就是通过矢量工具来创建图像的遮罩，不会因放大或缩小操作而影响图像的清晰度。

疑问解答

矢量蒙版的主要作用是什么？

矢量蒙版可以通过形状控制图像显示区域，且仅能够运用于当前图层。矢量蒙版中创建的形状是矢量图，可以使用"钢笔工具"或形状工具对图像进行编辑，从而改变遮罩区域，且可以任意缩放，不用担心因图像失真而产生锯齿。

单击"钢笔工具" ，选择"路径"，单击"新建矢量蒙版"则可以创建矢量蒙版，如图3-81所示。也可以按住Ctrl键，单击"图层"面板底部的"图层蒙版"按钮 ，即可将路径创建为"矢量蒙版"，如图3-82所示。

图3-81

图3-82

下面做一个矢量蒙版的练习。首先导入花的背景图片，然后把人物图片拖入其上面图层，如图3-83所示。单击"钢笔工具"，在属性栏中选择"路径"，画一个心形图案，如图3-84所示。

图3-83

图3-84

按住Ctrl键的同时单击"图层"面板底部的"图层蒙版"按钮 ，即可将路径创建为"矢量蒙版"，如图3-85所示。可以在蒙版缩略图中单击图像与蒙版图中间的链接，则链接图层关系会被取消，如图3-86所示。

图3-85

图3-86

取消链接后，可以在心形轮廓范围内任意移动图像，而不改变心形外轮廓，如图3-87所示。如果想改变心形外轮廓就必须要移动矢量图的锚点，如图3-88所示。

图3-87

图3-88

1. 图层蒙版的特点

（1）由选区生成。

（2）用像素工具编辑。

（3）缩放会出现马赛克。

（4）半透明度：可以使用渐变工具在图层蒙版上拉渐变颜色。建立图像图层蒙版：

首先按Ctrl+C组合键复制选区，添加图层蒙版，然后按住Alt键并单击图层蒙版，再按Ctrl+V组合键粘贴选区。

2. 矢量蒙版的特点

（1）由绘制路径或图形生成。

（2）只能用矢量工具编辑。

（3）矢量蒙版可以任意缩放，不会变形。

（4）矢量蒙版不能绘制半透明效果。矢量蒙版的编辑：显示全部（显示绘制图形内的图像）。

📷 3.3.5 快速蒙版

图3-89

"快速蒙版"📷是一种临时蒙版，指的是在当前图像上创建一个半透明的图像，可以将任何选区作为蒙版进行编辑，而不必使用"通道"面板，可以使用任何绘画工具或滤镜编辑和修改它。运用快速蒙版的临时通道，可进行通道编辑，在退出快速蒙版模式时，原蒙版里原图像显现的部分便成为选区。

下面是使用快速蒙版功能的一个快速抠图案例。

（1）打开素材图片，如图3-89所示。

（2）单击左侧工具栏中的"快速蒙版"按钮📷，再单击"画笔工具"✏，用黑颜色画笔涂抹人物，如图3-90所示。

（3）涂抹完成后，单击"快速蒙版"按钮📷，则没有被涂抹的地方会出现选区，如图3-91所示。

图3-90

图3-91

（4）选择"选择"→"反向"命令，则画面中的人物被选择，再用"移动工具"将其拖入右边黄色的文档，这样利用"快速蒙版"实现了抠图并换入另外背景的效果，如图3-92所示。

图3-92

需要注意的是，当蒙版分为抠图目的和布局目的时，前者一般与图层一起进行各种变换，基本不会解除链接；后者常与图层解除链接，各自变换，以便于布局的改动。对于前者来说，应用蒙版与否造成的影响不大；对于后者来说，则应尽可能保留蒙版以便于编辑和修改。

3.4　通道

本节主要介绍通道的定义、通道的功能、通道的分类以及通道的工具操作。

3.4.1　通道的定义

在Photoshop不同的图像模式下，通道是不一样的。通道中的像素颜色是由一组原色的亮度值组成的，可以理解为选择区域的映射。"通道"是由遮板演变而来的，也可以说通道就是选区。在通道中，以白色代替透明，表示要处理的部分（选择区域）；以黑色表示不需处理的部分（非选择区域）。因此，通道也与遮板一样，没有独立的意义，而只有在依附于其他图像（或模型）存在时，才能体现其作用。

3.4.2　通道的功能

（1）可建立精确的选区。

（2）可以存储选区和载入选区备用。

（3）可以制作其他软件（如Illustrator、Pagemarker）需要导入的"透明背景图片"。

（4）可以看到精确的图像颜色信息，有利于调整图像颜色。利用"信息"面板可以体会到这一点，不同的通道都可以用256级灰度来表示不同的亮度。

（5）印刷出版时方便传输制版。

PS 3.4.3　通道的分类

"通道"作为图像的组成部分，与图像的格式密不可分。图像颜色、格式的不同决定了通道数量和模式的不同，在"通道"面板中可以直观地看到。通道不同，它们的名称也不同，下面是通道具体分类。

1. Alpha通道

"Alpha通道"是计算机图形学中的术语，指的是特别的通道。有时它特指透明信息，但通常的意思是"非彩色"通道。

"Alpha通道"是为保存选择区域而专门设计的通道，在生成一个图像文件时并不是必须产生Alpha通道。通常，Alpha通道是在图像处理过程中人为生成的，并从中读取选择区域信息。因此，在输出制版时，Alpha通道会因为与最终生成的图像无关而被删除。但有时，如在三维软件最终渲染输出时，会附带生成一个Alpha通道，用以在平面处理软件中进行后期合成。

除了Photoshop的PSD格式文件外，GIF与TIFF格式的文件也可以保存Alpha通道。GIF文件还可以用Alpha通道对图像进行去背景处理。因此，可以利用GIF文件的这一特性制作任意形状的图形。

2. 颜色通道

一张图片被建立或打开以后会自动创建颜色通道。当在Photoshop中编辑图像时，实际上就是在编辑颜色通道。红、绿、蓝通道把图像分解成一个或多个色彩成分，图像的模式决定了颜色通道的数量，RGB模式有R、G、B三个颜色通道，CMYK图像有C、M、Y、K四个颜色通道，灰度图像只有一个颜色通道，它们包含了所有将被打印或显示的颜色。当查看单个通道的图像时，图像窗口中显示的是没有颜色的灰度图像，通过编辑灰度图像，可以更好地掌握各个通道原色的亮度变化。

RGB色彩模式就是指红、绿、蓝单独的部分。一幅完整的图像，是由红、绿、蓝3个通道组成的，如图3-93所示，这3张图片代表3个通道，它们共同作用产生了一张完整的图像。选择菜单栏中的"编辑"→"首选项"→"界面"命令，在弹出的对话框中勾选"用彩色显示通道"复选框，单击"确定"按钮，则图像通道以RGB彩色模式显示，如图3-94所示。

图3-93

如果"通道"面板中没有显示出缩览图，可以在面板中蓝色通道下方的空白处右击，在弹出的快捷菜单中选择"小"或"中""大"。"通道"面板如图3-95所示。

图3-94　　　　　　　　　　　　　　　　　图3-95

红、绿、蓝3个通道的缩览图都是以灰度显示的。如果单击通道名字，就会发现图像同时变为了灰度图像。单击通道缩略图左边的眼睛按钮，可以显示或关闭这个通道。如果只要显示某一种颜色，则要隐藏另外两个通道，单击左边眼睛按钮就是隐藏。

◎提示·

最顶部的RGB不是一个通道，而是代表3个通道的综合效果。如果隐藏了红色、绿色、蓝色中的任何一个通道，最顶部的RGB也会被关闭。单击RGB通道后，所有通道都将处于显示状态。

1）复合通道

"复合通道"由蒙版的概念衍生而来的，用于控制两张图像叠盖关系的一种简化应用。复合通道不包含任何信息，实际上它只是同时预览并编辑所有颜色通道的一个快捷方式。它通常被用来在单独编辑完一个或多个颜色通道后使"通道"面板恢复默认状态。对于不同模式的图像，其通道的数量是不一样的。在Photoshop中，通道涉及3个模式：RGB、CMYK、Lab模式。对于RGB模式的图像，含有RGB、R、G、B通道；对于CMYK模式的图像，含有CMYK、C、M、Y、K通道；对于Lab模式的图像，则含有Lab、L、a、b通道。

2）专色通道

"专色通道"是一种特殊的颜色通道，它可以使用除了青色、洋红（又称品红）、黄色、黑色以外的颜色来绘制图像。

在印刷中为了让印刷作品与众不同，往往要做一些特殊处理，如增加荧光油墨或夜光油墨，套版印制无色系（如烫金）等，这些特殊颜色的油墨（又称为"专色"）都无法用三原色油墨混合而成，这时就要用到专色通道与专色印刷了。

在图像处理软件中，都存有完备的专色油墨列表。只需选择需要的专色油墨，就会生成与其相应的专色通道。但在处理时，专色通道与原色通道恰好相反，用黑色代表选取（喷绘油墨），用白色代表不选取（不喷绘油墨）。由于大多数专色无法在显示器上呈现效果，所以其制作过程带有相当大的经验成分。

3）矢量通道

为了减小数据量，人们将逐点描绘的数字图像再一次解析，运用复杂的计算方法将其上的点、线、面与颜色信息转化为简捷的数学公式，这种公式化的图形被称为"矢量图形"，而公式化的通道，则被称为"矢量通道"。矢量图形虽然能够成百上千倍地压缩图像信息量，但其计算方法过于复杂，转化效果也往往不尽人意。因此，只有在表现轮廓简洁、色块鲜明的几何图形时才有用武之地，而在处理真实效果（如照片）时则很少用。Photoshop中的路径、3D中的几种预置贴图、Illustrator、Flash等矢量绘图软件中的蒙版，都是属于这一类型的通道。

Ps 3.4.4　通道的工具操作

单纯的通道操作是不可能对图像本身产生任何效果的，必须同其他工具结合，如蒙版工具、选区工具和绘图工具（其中蒙版工具是最重要的）。当然，要想做出一些特殊效果，就需要配合滤镜特效、图像调整颜色来一起操作。

1. 利用选区工具

Photoshop中的选区工具包括"套索工具""魔棒工具"以及由路径转换选区等，利用这些工具在通道中进行编辑等同于对一个图像进行操作。

2. 利用绘图工具

绘图工具包括"画笔工具""仿制图章工具""橡皮擦工具""模糊工具""锐化工具""涂抹工具""加深工具""减淡工具"等。利用绘图工具编辑通道的一个优势在于，可以精确地控制笔触，从而得到更为柔和以及足够复杂的边缘效果。这里要提一下的是"渐变工具"，因为这个工具特别容易被人忽视，但对于通道特别有用。它是Photoshop中严格意义上的一次可以涂画多种颜色而且包含平滑过渡的绘画工具，相对于通道而言，其带来了平滑、细腻的渐变效果。

3. 利用图像调整工具

图像调整工具包括"色阶"和"曲线"调整。当选中希望调整的通道时，按住Shift键，再单击另一个通道，最后打开图像中的复合通道。这样就可以强制这些工具同时作用于一个通道。对于编辑通道来说，这当然有用，但实际上并不常用，因为可以建立调整图层而不必破坏最原始的图层。

4. 利用滤镜特性

通常是在图像有不同灰度的情况下进行"滤镜"操作，以追求一种出乎意料的效果或者只是为控制边缘。从原则上讲，可以在通道中运用任何一个滤镜，大部分人在运用滤镜操作通道时通常有着较为明确的愿望，如锐化或者虚化边缘，以建立更适合的选区。

3.5　滤镜

本节主要介绍滤镜的作用、滤镜的种类与用途，以及运用滤镜实现丰富多彩的艺术效果。

3.5.1　滤镜的作用

滤镜主要用来实现图像的各种特殊效果，它在Photoshop中具有非常神奇的作用。所有的滤镜在Photoshop中都按类别放置在菜单中，使用时只需要从该菜单中选择相应命令即可。滤镜的操作是非常简单的，但是真正用起来却很难恰到好处。滤镜通常需要同通道、图层等配合使用，才能取得最佳的艺术效果。如果想在最适当的时候、适当的位置应用滤镜，除了深厚的美术功底之外，还需要用户对滤镜足够熟悉和具有操控能力，甚至需要具有很丰富的想象力。这样，才能有的放矢地应用滤镜，发挥出艺术才华。

图3-96

3.5.2　滤镜的种类与用途

Photoshop中的滤镜基本可以分为"内置滤镜"（Photoshop自带的滤镜）和"外挂滤镜"（第三方滤镜）。内置滤镜指Photoshop内部的滤镜，Photoshop所有滤镜都在"滤镜"菜单中，如图3-96所示。其中"滤镜库""镜头校正""液化""消失点"等是特殊滤镜，被单独列出，其他滤镜都依据其中主要功能放置在不同类别的滤镜组中。

提示

Photoshop中滤镜最主要的两种功能

第一种：用于创建具体的图像特效，如波浪、纹理、水彩画、图章等各种效果，一般都是通过"滤镜库"来进行管理和应用的。

第二种：用于编辑图像，如提高清晰度、减少图像杂色等。具有这类功能的滤镜在"模糊""锐化""杂色"等滤镜组中。

使用滤镜处理某一图层中的图像时，需要选择该图层。如果创建了选区，滤镜只处理选中的图像；如果未建立选区，则处理当前图层中的全部图像。

3.5.3　智能滤镜

应用于智能对象的任何滤镜都是"智能滤镜"。"智能滤镜"将出现在"图层"面板中应用智能滤镜的智能对象图层的下方。由于可以调整、移去或隐藏智能滤镜，这类滤镜是非破坏性的。要使用智能滤镜，先选择智能对象图层，然后选择一个滤镜并设置滤镜选项。应用智能滤镜之后，可以对其进行调整、重新排序或删除。普通的滤镜是通过修改像素来生成效果的，如果将图像保存并关闭，就无法恢复成原来的效果了。

下面通过一个实例来讲解智能滤镜。首先在菜单栏中选择"文件"→"打开为智能对象"命令，然后选择"滤镜"→"滤镜库"命令，选择"扭曲"中的"海洋波纹"，效果如图3-97所示。

图3-97

"智能滤镜"包含一个类似于图层样式的列表框，列表框里面显示了所使用的滤镜，只要单击智能滤镜左边的眼睛按钮，将滤镜效果隐藏（或者将它删除），即可恢复原始图像，如图3-98所示。

图3-98

3.5.4 滤镜库

在图片处理中，时常需要一些不同的特殊效果，这时"滤镜库"就派上用场了，它能提供很多不同且灵活的效果。在菜单栏中选择"滤镜"→"滤镜库"命令，弹出的对话框中左边是预览区，中间是可供选择的6组滤镜，右侧是参数设置区，如图3-99所示。

图3-99

　　在"滤镜库"中选择一个滤镜，该滤镜就会出现在界面右下角的已应用滤镜列表框中，单击"新建效果图层"按钮■，可以选取要应用的其他滤镜，重复此过程，可以添加多个滤镜，图像效果会变得多样化，如图3-100所示。

图3-100

3.5.5　模糊滤镜

　　模糊滤镜的主要功能是使图像变得模糊，其以像素点为单位，使图片产生柔和的效果，掩盖图像的缺陷或呈现特殊的效果。模糊滤镜包括：场景模糊、光圈模糊、动感模糊、高斯模糊、径向模糊、方框模糊、镜头模糊、表面模糊。

　　动感模糊： 调整运动的角度位置线，一般常用来表示运动状态的物体，制作动态的效果，调节"角度"和"距离"可以达到不同的效果，如图3-101所示。

图3-101

　　高斯模糊： 运用范围比较广，可快速调整整体的模糊图像，通常用它来减少图像噪点，降低细节层次。这种模糊技术生成的图像，其视觉效果就像是经过一个毛玻璃在观察图像。调节方式比较简单，只有半径调节，如图3-102所示。在制作阴影时，为了达到真实的效果，可通过此滤镜进行模糊。高斯模糊可对人物后面的景物进行模糊，从而突出人物。另外，高斯模糊可用于产品造型设计时对产品过渡面的绘制等。

图3-102

3.5.6 其他滤镜

其他滤镜还包括扭曲、渲染、锐化、高反差保留等。

扭曲： 通过集合原理来实现一些特殊的效果，包括波浪、波纹、极坐标、水波、置换等，常用于背景的制作。

渲染： 可以在图像中创建分层云彩、镜头光晕和纤维等效果，也可以在 3D 空间中操纵对象，并从灰度文件创建纹理填充以产生类似 3D 的光照效果。其中，分层云彩使用随机生成的介于前景色与背景色之间的值，生成云彩图案；镜头光晕模拟亮光照射到相机镜头所产生的折射，通过单击图像缩览图的任意位置或拖动其十字线，指定光晕中心的位置；纤维渲染滤镜可以将前景色和背景色进行混合处理，生成具有纤维效果的图像。

锐化： 锐化可使图片变得清晰，操作时参数值不宜太大。

高反差保留： 只提取画面轮廓，其他区域转换为灰色，再通过叠加模式的应用，屏蔽灰色，从而达到使图像清晰的目的。

3.6 Camera Raw

本节主要介绍Camera Raw的操作界面和如何简单地进行照片调色，以及Photoshop自带的这款增效工具的运用方法和使用技巧。

3.6.1 Camera Raw的操作界面

Camera Raw是Photoshop自带的一个增效工具，它可以调整照片的颜色，包括白平衡、色调以及饱和度，对图像进行锐化处理、减少杂色以及重新修饰图片。Camera Raw不仅可以处理Raw文件，也可以打开并处理JPEG和TIFF格式的文件，还可以将处理过的Raw文件存储为PSD、JPEG或DNG格式。在菜单栏中选择"滤镜"→"Camera Raw滤镜"命令，打开Camera Raw界面，如图3-103所示。

图3-103

（1）**图像调整栏**：包含基本、色调曲线、细节、HSL调整等参数调节。

（2）**抓手工具**：调节图片显示的大小和位置，以便调整细节。

（3）**白光平衡工具**：在白色或灰色的图像上单击，可以校正照片的白平衡。

（4）**颜色取样器工具**：对图片中某个点的位置提取该点的RGB值，对图片不同位置的色温和颜色进行对比。

（5）**目标调整工具**：不可以单独使用，可结合功能面板使用，对色相、饱和度、亮度进行调整。

（6）**变换工具**：调整水平方向平衡、差值方向平衡和透视平衡的工具可在面板中进行调节。

（7）**污点去除**：去除不要的污点、杂质，使用两个圆圈进行修复和仿制。

（8）**红眼去除**：可以调节瞳孔的大小和眼睛的明暗。

（9）**调整画笔**：可以对图片的局部进行调节，可调节大小、色温、颜色、对比度、饱和度、杂色等。

（10）**渐变滤镜**：拉出一个选区，对其起点和终点进行调节，用来调整颜色对比度。

（11）**径向渐变**：拉出一个圆圈，对其四周的控制点进行调整，打开后呈现基本的页面、色温、色调、曝光、对比度、高光、阴影等可供调节。

ⓅⓈ 3.6.2 在 Camera Raw 中调整照片

Camera Raw可以调整照片的白平衡、色调、饱和度，以及校正镜头缺陷。使用Camera Raw调整Raw照片时，将保留图像原来的相机原始数据，调整内容或者存储在Camera Raw数据库中，或者作为元数据嵌入图像文件。

1. 调整白平衡

在使用JPEG格式拍摄时，需要注意白平衡设置是否正确，如果后期调整白平衡，则会影响照片的质量。如果采用Raw格式拍摄时，就可以不必太多考虑白平衡问题，因为Camera Raw 可以改变白平衡，且不会影响照片的质量。

按Ctrl+O组合键，打开Raw格式的照片素材，如图3-104所示。

图3-104

照片的色调可以通过"白平衡工具" ⚫自动调整，如原照片整体色调有点泛黄，可以通过白平衡使其达到平衡效果。先单击"白平衡工具"，在图中找到所需要颜色的区域，然后单击红色圆圈处，如图3-105所示，Camera Raw即可确定照片中的光线颜色，然后自动调整场景光照效果，如图3-106所示。

图3-105

图3-106

单击对话框左下角的"存储图像"按钮，将修改后的照片保存为"数字负片"

（DNG）格式。在处理Raw照片后，最好保存为DNG格式，这样会存储所有调整参数，以便任何时候打开文件，都可以重新修改参数，或者将照片还原到原始状态。

2. 白平衡调整选项

白平衡：默认情况下，该项显示的是相机拍摄此照片时所使用的原始白平衡设置（原照设置），可以在下拉列表中选择"自动"选项，自动校正白平衡。

色温：可以将白平衡设置为自定的色温。如果拍摄照片时的光线色温较低，可以通过降低"色温"来校正照片。

色调：根据自己的需要来调整，用于画面的统一，色调会直接影响整幅画面的色彩偏向。

曝光：在高光不曝光的范围内，可以最大限度地进行调整。

对比度：可以找回细节，尽量不要增加对比度；灰度越多的画面，细节越丰富。

高光：调节画面中亮部的区域。

阴影：调节画面中暗部的区域。

白色：画面整体的亮度调节。

黑色：画面整体的暗度调节。

清晰度：顾名思义，相当于锐化的程度。

自然饱和度：对饱和的色彩敏感，调整幅度大；对不饱和的色彩不敏感，调整幅度小，是很"聪明"的饱和度调整方式。

饱和度：调整整幅画面的饱和度。

3. RAW格式与JPEG格式区别

（1）**图片压缩的区别**：JPEG格式是经过压缩的，可以随意更改，与RAW格式相比，JPEG格式的图片没有存储那么多的细节颜色信息。RAW格式的图片具有更宽广的调整空间，而且调整后的图像不会出现数据损失，这一点是JPEG格式的图片所不具备的。

（2）**可修改性的区别**：RAW格式的图片可以保留更丰富的层次与细节，数据量也够大，属于真正的数字底片。因为RAW格式具有不可逆的特性，所以对摄影师来说就等于拥有版权保护，方便投稿，其受众是专业的摄影师和摄影爱好者。

（3）**打开方式的区别**：JPEG格式为一种非常普及的照片格式，所有现代数码相机都能使用这个格式，朋友圈、网站上传的图片都使用这个格式。JPEG格式照片在任何计算机上都能打开，使用者也可以随意设定压缩程度来保留画质，是一种十分方便的格式。RAW格式若不使用专用的软件进行成像处理，则无法浏览。

3.7 印刷工艺与输出

本节主要介绍平面设计中印刷过程中的基本工艺和输出，讲解印刷的颜色、"出血"的运用、纸张分辨率的确定、印刷品尺寸、图形与文字转曲、PDF文件输出、纸张选择、设计输出、平面设计常用制作尺寸以及印刷常用纸张介绍。

📷 3.7.1　印刷的颜色

　　印刷是一门复杂的技术，印刷类平面设计除了要具备深厚的美术功底外，还必须全面了解印刷工艺及一些相关知识，才能事半功倍地设计出符合印刷工艺要求的原稿。而事实上一些平面设计人员设计出的作品，通常在印刷后达不到预期的效果，究其原因，就是设计师不懂印刷工艺，不了解最新印刷技术。

　　使用CMYK的印刷色标（色卡）来控制作品的颜色，现在大多数印刷平面设计都使用计算机进行设计和制作。计算机显示器呈现出R（红）、G（绿）、B（蓝）色光三原色，以色光加色法呈色，色域较大；而印刷呈色是由C（青）、M（品）、Y（黄）三原色和K（黑色）4种色料以色料减色法呈色，色域较小。可见计算机呈色与印刷呈色原理不同、色域不同。印刷类平面设计制作的最终输出目标是进行C、M、Y、K四色印刷，所以设计师应在设计制作过程中以印刷色标来定义、调整和控制颜色，唯有如此，作品的颜色外观才会有保证。

📷 3.7.2　"出血"的运用

　　"出血"指的是对于图像边缘有正好与纸的边缘重合的版面，在印刷设计时应超出裁切边缘3mm，以作印后裁切误差之用。所以当图像边缘与承印材料边缘重合时，应给设计文稿留出约3mm的出血位，在印刷原稿中加上出血位，并绘出出血线。如果不做这样的"出血"处理，印成品上可能会在纸的边缘与印刷图像边缘之间留下白边。Photoshop中可以设计实际印刷尺寸，将画布大小的宽度和高度各增加6mm，就完成了上、下、左、右各3mm的"出血"。在Illustrator与InDesign软件中，可以在新建画布时完成添加。设计时建议"出血"的部分宽一些。

📷 3.7.3　纸张分辨率的确定

　　在印刷类平面设计中，分辨率的设置必须根据设计和印刷工艺的要求，特别是印刷所用的承印材料（多为纸张）等多种因素来确定，并不是任何图片都一定要调到最高分辨率。如报纸印刷的网线比精美画册要少，它们对图像文件的分辨率的要求也不一样。如果将用新闻纸印刷的报纸上的图片分辨率调至与用铜版纸印刷的画册相同的分辨率，不仅毫无意义，反而导致印刷糊版。印刷类电脑平面设计中对不同对象的分辨率的设置如下。

　　（1）一般新闻纸、胶版纸印刷的彩色或黑白报纸印刷网线为60～100线，设计分辨率为120～200dpi。

　　（2）一般采用胶版纸、画报纸、铜版纸、卡纸、白板印刷的彩色图片，如书封、画报、产品广告等，印刷网线达150线，设计分辨率为300dpi。

　　（3）高档书籍、精美画册、高档广告印刷品，采用高档铜版纸印刷，印刷网线可达175线以上，设计分辨率为350dpi。

　　（4）精品、珍品图书、特殊有价证券式特殊纸币等，设计分辨率可达400dpi。

3.7.4　印刷品尺寸

确定印刷品的尺寸除了要考虑设计内容、作品档次、经费等因素外，还要考虑印刷工艺及承印材料的局限。

印刷平面设计的尺寸，特别是偏大、偏小及异形的包装装潢印刷品的尺寸，在印刷工艺上受到种种客观因素的限制。

（1）制版因素：目前各输出中心、印刷厂输出的对开制版面积多为710mm×510mm～720mm×540mm，最大的全开制版尺寸也在1180mm×720mm以内，超大计算机直接制版系统输出版材幅面为2383mm×1262mm（如网屏公司的霹雳出版神3200）。因此，在设计大幅面广告、彩色图片时，应考虑承印厂的制版因素来择定尺寸。若遇有超大幅面，可采取分割画面，分开制版、印刷，最后再拼贴完整的方法，但这样做的技术难度大、工艺要求高，费用也很高。相对而言，小幅面的印刷品不存在什么限制。

（2）印刷因素：印刷机对于纸张及印版大小都有一定的限制，平版胶印机常用的PS版不是统一规格，胶印机的喷口一般留8～10mm。

3.7.5　图形与文字转曲

图形有描边以及文字都需要转曲（变为形状或扩展外观都是可以的）。这是因为对方计算机中如果没有我们设计时用到的字体，那么相应文件发到对方计算机后，在打印时文件中的字体会变成其他字体，如宋体、黑体等。文字的颜色：如果没有特别的要求，黑色字用单色黑，原因是除非很大的字，如果是四色，由于机器的误差，存在套印的问题，文字很容易发虚，效果不好。文字的大小：如果是反白字，由于很难保证底色是单色，所以依然存在套印的问题，所以反白字的字体，尽可能不要太小。

3.7.6　PDF文件输出

如果不清楚输出印刷标准的PDF格式，在另存为PDF的选项中，选择"印刷质量"选项，或者直接选择某个标准"PDF/X-1a"或"PDF/X-4"，可在保证符合印刷标准的同时，尽可能减小文件的大小，提高文件传输效率。

3.7.7　纸张选择

书纸，顾名思义，可以理解为印书的纸。上课用的课本，一般就用的书纸。办公室的打印用纸，就是最典型、最普通的书纸。书纸没有涂层，所以印刷颜色一般不是很鲜艳，以印刷文字为主。小型的打印店，基本上使用的就是这种纸了。如果书或者杂志拎起来感觉比较轻，基本上就是书纸了。即使名称不叫书纸，也是这一类。书纸除了白色外，一般还有米色、黄色等。

　　纸张的厚度一般用"克"这个词，意思是每平方米纸的重量以克为单位。举个例子，200g的铜版纸，厚度为0.18mm左右；250g的铜版纸，厚度为0.22mm左右。这个厚度是多厚呢？报刊亭的大本时尚杂志的封面，很多就是200g或者250g的纸，可以感受一下。不同厂家、品牌的纸张厚度会微有差异，但是差异不大。

　　纸张的厚度根据市场需求和生产的工艺限制，一般有其固定的克重。铜版纸的常见克重（单位为g/m^2）有：80、90、105、128、157、200、250、300、350等。书纸的常见克重有：70（感觉薄一点的打印纸的克重）、80（感觉厚一些的打印纸的克重）、100、120、140、180等。不同品牌纸张的克重会有一些差异，但是主流的克重基本上都是这些。

　　除了以上的两大类之外，可能还看到过很多不同颜色、不同花纹、不同印刷效果的"纸张"，那就涉及另外一大块纸张，我们且统称为"特种纸"。这里的"特种纸"可能并不是纸张本身的效果，而是经过后期的其他表面处理工艺实现的。确切地讲，特种纸是一个很泛的概念，并不是一个纸类。凡是认为非常规使用的纸张，其实都可以称为特种纸。特种纸在颜色、厚度、纹理、印刷效果、光泽、挺度等维度同常规纸不一样。这就要根据具体的需求来选择了。

　　铜版纸（双粉纸）：使用化学木浆，双面相同、表面平滑、表面光泽度比较高。

　　哑光铜版纸（哑粉纸）：使用化学木浆，双面相同、表面平滑、表面低光泽。

　　冲粉纸（有光轻涂纸）：在欧美是使用机械木浆，但在亚洲主要使用使化学浆制成，表面有一定的光着度和平滑度。

　　哑光光轻涂纸：相当于有轻涂纸（冲粉）而言，抄纸完成后不经过哑光，所以表面呈现哑光。

　　超级哑光纸（SC）：属于涂布纸，其表面的光泽是通过超级哑光而产生的，克重一般为30～60g，一般用于转热干印刷。

　　双胶纸（书纸）：使用化学浆，非涂布纸，表面较粗糙。

　　对于常用的铜版纸（包括哑光铜版纸）、书纸（即胶版纸），纸张主要从两个方面来选择，一是种类，二是厚度（业内叫克重）。铜版纸表面有涂层，所以可以印刷比较鲜艳的颜色。常见的时尚类杂志、海报、画册，大都是这一类的纸张。厚度、品牌、表面光亮程度可能不同（比如看上去哑光效果的，是哑光铜版纸，当然还有可能做了处理），但种类一般是一样的，铜版纸以白色为主。

　　总之，设计师应选择最合适上机的印刷幅面尺寸，并留足咬口、切口、出血、拼缝、套准规线、拖稍线等必备工艺尺寸，综合择定成品尺寸。

Ps 3.7.8 设计输出

　　平面设计印刷品的输出方式，平面设计印刷品的最终结果按照输出方式可分为三类。

　　（1）无版印刷：喷墨打印机、激光打印、写真机、喷绘机、平板打印机等，商业性质的无版印刷，也称为特种印刷。

适用范围：商店门头、易拉宝（展示架）、户外广告牌、灯箱广告、站牌广告、墙体广告、国道走廊广告、车身广告等。

疑问解答

写真和喷绘有什么区别？

写真：精度高、幅面1.5m以下，水性墨为主，一般需要覆膜，适合用于室内。
喷绘：精度低、幅面大至数米，油性墨，适合用于户外。

（2）有版印刷：胶印、丝印、柔印、菲林版、脱机直接制版。

适用范围：书刊画册、证卡吊牌、包装盒等，要求精度高，而且需要印刷实现细节内容。

设计要点：因为印刷是批量生产工艺，颜色管理与版式编辑上要注意细节与布局，对齐方式、边缘空距、内容间隔非常重要。

（3）Web发布：网站或者软件的设计，对色彩和布局创意要求更高。

主要系统讲解有版印刷的印前知识，介绍有哪些输出方式。

平面设计师需要懂得印刷知识与尺寸规范，及印刷的过程中的设备、材质、工艺，与印刷厂的沟通也是必不可少的，掌握相关的印刷知识对产出物的还原设计是非常必要的。一个优秀的设计作品，设计印刷中应考虑尺寸、纸张、颜色、印刷工艺等方面。

Ps 3.7.9　平面设计常用制作尺寸

1. 名片

横版：90mm×55mm、85mm×54mm。

竖版：50mm×90mm、54mm×85mm。

方版：90mm×90mm、90mm×95mm。

2. IC卡

标准尺寸：85mm×54mm。

3. 三折页广告

标准尺寸：（A4）210mm×285mm。

4. 普通宣传册

标准尺寸：（A4）210mm×285mm。

5. 文件封套

标准尺寸：220mm×305mm。

6. 招贴画

标准尺寸：540mm×380mm。

7. 手提袋

标准尺寸：400mm×285mm×80mm。

8. 信纸、便条

标准尺寸：190mm×260mm、210mm×285mm。

9. 常见开本尺寸

正开度纸张尺寸：787mm×1092mm。

对开成品尺寸：740mm×520mm。

4开成品尺寸：520mm×370mm。

8开成品尺寸：370mm×260mm。

16开成品尺寸：260mm×185mm。

32开成品尺寸：185mm×130mm。

大度纸张尺寸：889mm×1194mm。

大对开成品尺寸：570mm×840mm。

大4开成品尺寸：420mm×570mm。

大8开成品尺寸：285mm×420mm。

大16开成品尺寸：210mm×285mm。

大32开成品尺寸：220mm×142mm。

10. CD一般设计大小

内页：123mm×126mm。

底封：157mm×124mm。

碟面：外圈118mm、内圈36mm或是25mm。

11. 常见照片尺寸

1英寸：25mm×35mm。

2英寸：35mm×49mm。

3英寸：35mm×52mm。

5英寸（最常见的照片尺寸）：127mm×89mm。

6英寸（国际上比较通用的照片尺寸）：152mm×102mm。

7英寸（放大）：178mm×127mm。

8英寸：203mm×152mm。

10英寸：254mm×203mm。

12英寸：305mm×254mm。

15英寸：381mm×254mm。

港澳通行证：33mm×48mm。

赴美签证：51mm×51mm。

日本签证：45mm×45mm。

大2寸：40mm×55mm。

护照：33mm×48mm。

身份证：26mm×32mm。

驾照：22mm×32mm。

照片的尺寸是以英寸为单位，1英寸=2.54cm。

3.7.10　印刷常用纸张介绍

1. 纸的单位

克：纸张的厚度是用1平方米纸的质量多少克来表示的，单位为g/m^2。

令：500张纸单位称令（出厂规格），按令来计的话，1令=500张。

吨：与平常单位一样，1t=1000kg，用于计算纸价。

2. 纸的规格及名称

1）纸最常见的4种规格

正度纸：长1092mm，宽787mm。

大度纸：长1194mm，宽889mm。

不干胶标签贴纸：长18mm，宽32mm。

无碳纸：有正度和大度的规格，但有上纸、中纸、下纸之分，纸价不同。

2）纸张最常见的名称

拷贝纸：$17g/m^2$，正度规格，用于增值税票、礼品的内包装，一般是纯白色。

打字纸：$28g/m^2$，正度规格，用于联单、表格，有七种颜色，分别为白色、红色、黄色、蓝色、绿色、淡绿色、紫色。

有光纸：$35\sim40g/m^2$，正度规格，一面有光，用于联单、表格、便笺，为低档印刷纸张。

书写纸：$50\sim100g/m^2$，大度、正度均有，用于低档印刷品，以国产纸最多。

双胶纸：$60\sim180g/m^2$，大度、正度均有，用于中档印刷品，以国产纸、合资纸及进口纸常见。

新闻纸：$55\sim60g/m^2$，滚筒纸，正度纸，报纸选用。

无碳纸：$40\sim150g/m^2$，大度、正度均有，有直接复写功能，分上、中、下纸，不能调换或翻用，纸价不同，有七种颜色，常用于联单、表格。

铜版纸：①双铜，$80\sim400g$，正度、大度均有，用于高档印刷品；②单铜，用于纸盒、纸箱、手挽袋、药盒等，中、高档印刷。

亚粉纸：$105\sim400g/m^2$，用于雅观、高档彩印。

灰底白版纸：$200g/m^2$以上，上白底灰，用于包装类。

白卡纸：$200g/m^2$，双面白，用于中档包装类。

牛皮纸：$60\sim200g/m^2$，用于包装、纸箱、文件袋、档案袋、信封等。

特种纸：一般以进口纸为主，主要用于封面、装饰品、工艺品、精品等的印刷。

第4章
图像处理应用实例

本章主要介绍Photoshop处理图像的初级应用，使读者了解滤镜、模糊、图层混合模式以及抠图合成的综合应用，掌握基本的图像处理技巧和方法。

4.1 图像初级效果处理

本节主要讲解Photoshop初级应用的基础知识，包括滤镜、色相、模糊、剪贴蒙版、图层混合模式功能的应用。

PS 4.1.1 制作光晕效果

知 识 点：运用滤镜制作镜头光晕
源 文 件：第4章/4.1.1
在线视频：视频/第4章/4.1.1制作光晕效果.mp4

01 打开Photoshop，在菜单栏中选择"文件"→"打开"命令，打开素材图片，如图4-1和图4-2所示。

图4-1

图4-2

02 在"图层"面板中单击"创建新图层"按钮▣，在工具栏面板中把前景色设置为"黑色"。在菜单栏中选择"编辑"→"填充"命令，选择填充内容为"前景色"，单击"确定"按钮，如图4-3和图4-4所示。

图4-3

图4-4

03 在新创建的黑色图层上，右击，在弹出的快捷菜单中选择"转换为智能对象"命令，如图4-5所示。在菜单栏中选择"滤镜"→"渲染"→"镜头光晕"命令，如图4-6所示。

图4-5

图4-6

04 对光晕进行调节，如位置、角度、大小等，最后单击"确定"按钮，如图4-7和图4-8所示。

图4-7

图4-8

05 在图层混合模式中选择"滤色"，由于选择的是智能对象，所以可双击"图层"中的"镜头光晕"进行调整，如图4-9所示。

最终效果如图4-10所示。

图4-9

图4-10

PS 4.1.2 改变花朵的颜色

知 识 点：在图像中通过"替换颜色"命令改变图像色彩
源 文 件：第4章/4.1.2
在线视频：视频/第4章/4.1.2改变花朵的颜色.mp4

01 打开Photoshop，在菜单栏中选择"文件"→"打开"命令，打开素材图片，如图4-11所示。

02 在菜单栏中选择"图像"→"调整"→"色调均化"命令，对图片颜色进行均化处理。然后选择"图像"→"调整"→"替换颜色"命令，如图4-12所示。

图 4-11　　　　　　　　　　　　　　　　　图4-12

03 把花的颜色替换成红色。先单击"吸管工具" 🖊 吸取花朵的黄色，将颜色容差值设置为93，如图4-13所示。接着拖动"色相"滑块，将数值设为-55，如图4-14所示，这样花的颜色就由黄色变成了红色，最后单击"确定"按钮。

图4-13　　　　　　　　　　　　　　　　　图4-14

最终效果如图4-15所示。

图4-15

4.1.3 制作秋季效果

知 识 点：运用"色相/饱和度"命令改变图像的整体色彩
源 文 件：第4章/4.1.3
在线视频：视频/第4章/4.1.3制作秋季效果.mp4

01 将春天的风景图片通过后期制作调出秋季效果。打开Photoshop软件，在菜单栏中选择"文件"→"打开"命令，打开素材图片，如图4-16所示。

图4-16

02 选择图片图层，按 Ctrl+J组合键复制一个新图层。单击"调整"按钮▧，在弹出的面板中单击"色相/饱和度"按钮▦进入调整阶段，如图4-17和图4-18所示。

图4-17

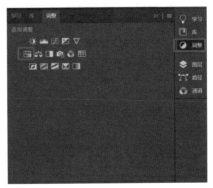

图4-18

03 将"色相/饱和度"下的数值调整"色相"为-35、"饱和度"为+15、"明度"为+4，如图4-19所示。具体的数值应根据素材来定，图4-20所示为调整后的效果。

图4-19

图4-20

04 要模拟初秋的感觉，图片既要有红色也要保留部分绿色。单击最底部图层，然后按Ctrl+J组合键复制一个新图层，接着将复制的新图层拖到顶层，如图4-21所示。

图4-21

05 选择"图层0拷贝2"图层，然后单击"添加图层蒙板" 按钮 ，得到"图层0拷贝2"图层蒙板，如图4-22所示。

06 单击"画笔工具" ，设置"前景色"为黑色，用画笔去涂抹树叶部分。然后任意涂抹，产生自然红绿交错的效果，增强颜色的层次感，如图4-23所示。

图4-22

图4-23

07 单击"图层"面板右上角的■按钮，选择"合并图层"，然后在菜单栏中选择"图像"→"调整"→"色阶"命令，对图像色阶进行微调，如图4-24所示。

最终效果如图4-25所示。

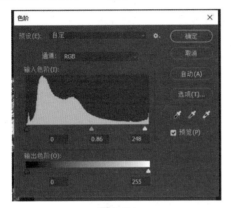
图4-24

图4-25

Ps 4.1.4 制作动态背景效果

> **知 识 点：** 运用"高斯模糊"和"径向模糊"命令制作图片的动态效果
> **源 文 件：** 第4章/4.1.4
> **在线视频：** 视频/第4章/4.1.4制作动态背景效果.mp4

01 打开Photoshop，在菜单栏中选择"文件"→"打开"命令，打开素材图片，如图4-26所示。

02 单击"矩形选框工具"■，绘制一个矩形框，如图4-27所示。接着在菜单栏中选择"选择"→"变换选区"命令，右击，在弹出的快捷菜单中选择"旋转"命令，适当旋转矩形框，如图4-28所示。

图4-26

图4-27

图4-28

03 切换到"图层"面板，按Ctrl+J组合键两次，复制两个新图层，如图4-29所示。接着按住Ctrl键的同时选择"图层1"，让其建立选区，然后在菜单栏中选择"编辑"→"填充"命令，填充为黑色，最后按Ctrl+D组合键取消选区，如图4-30所示。

图4-29 图4-30

04 为"图层1"应用阴影效果。在菜单栏中选择"滤镜"→"模糊"→"高斯模糊"命令,设置"半径"为6像素,制作一个阴影层,如图4-31和图4-32所示。

图4-31 图4-32

05 在"图层"面板中选择"图层1拷贝"图层,在菜单栏中选择"图层"→"图层样式"→"描边"命令,设置"大小"为8像素,"颜色"为白色,如图4-33所示。图4-34所示为调整后的效果。

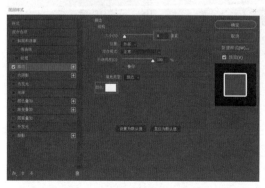

图4-33 图4-34

06 在"图层"面板中选择"背景"图层,在菜单栏中选择"滤镜"→"模糊"→"径向模糊"命令,设置"数量"为13,模糊方法为"缩放",再适当调整参数,如图4-35所示。

最终效果如图4-36所示。

图4-35

图4-36

4.1.5 制作双色调效果

知 识 点： 运用画笔涂抹两种颜色，制作撞色效果，并结合图层混合模式掌握强光的运用
源 文 件： 第4章/4.1.5
在线视频： 视频/第4章/4.1.5制作双色调效果.mp4

01 打开Photoshop，在菜单栏中选择"文件"→"新建"命令，新建一个宽为8厘米、高为5.5厘米、分辨率为300像素/英寸（1英寸=2.54厘米），背景色为白色的文档，如图4-37所示。

02 在菜单栏中选择"文件"→"打开"命令，打开PNG格式人物素材，将素材拖入新建的"背景图层"，如图4-38所示。

图4-37

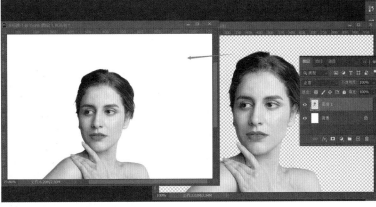

图4-38

03 选择"背景"图层，在"图层"面板中单击"新建图层"按钮▣，则在"背景"图层上形成一个"图层2"图层，如图4-39所示。

04 在新建的"图层2"图层上涂上红色作为背景颜色。先单击前景色，设置颜色值为R：255、G：25、B：100，接着在工具栏里单击"画笔工具"按钮✐，选择"柔边圆"，"大小"为187像素，用红色涂抹一半的背景，如图4-40所示。

图4-39

图4-40

05 在"图层2"图层上新建一个图层，用同样的方法涂蓝色，单击前景色，设置颜色值为R：20、G：1、B：252，接着单击"画笔工具" ，用蓝色涂抹另一半的背景，如图4-41所示。

图4-41

06 颜色涂抹完成后，选择人物图层，在图层模式里面选择"强光"，如图4-42所示。

图4-42

07 给人物添加投影，在菜单栏中选择"图层"→"图层样式"→"投影"命令，混合模式选择"正片叠底"，"距离"为27像素、"扩展"为19%、"大小"为43像素，如图4-43所示。

添加投影完成，最终效果如图4-44所示。

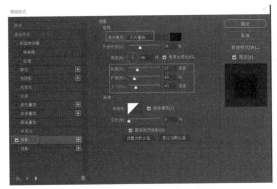

图4-43

图4-44

Ps 4.1.6 为衣服添加花纹效果

知 识 点：创建剪贴蒙版和正片叠底效果的运用
源 文 件：第4章/4.1.6
在线视频：视频/第4章/4.1.6为衣服添加花纹效果.mp4

01 打开Photoshop，导入图片素材，在工具栏中单击"套索工具" ，沿着人物的衣服边缘建立选区，如图4-45所示。

图4-45

02 在菜单栏中选择"编辑"→"拷贝"命令，接着选择"编辑"→"粘贴"命令，这样衣服选区就单独复制出来了，如图4-46所示。

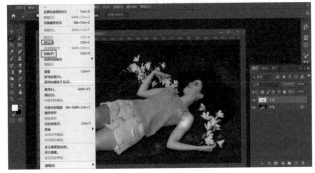

图4-46

03 把花纹素材拖入人物文档，按Ctrl+T组合键（自由变换）调节大小并放到适当的位置，以覆盖人物的衣服，如图4-47所示。

图4-47

04 要将花纹图案完全沿着人物轮廓匹配到衣服上，需要先在"图层"面板中选择"花纹"图层，接着右击，在弹出的快捷菜单中选择"创建剪贴蒙板"命令，花纹便匹配到衣服上了，如图4-48所示。

图4-48

05 想要让花纹融入衣服，需在图层混合模式中选择"正片叠底"，效果如图4-49所示。

图4-49

最终效果如图4-50所示。

图4-50

4.1.7 制作玻璃上的流动水珠效果

知 识 点：高斯模糊、扭曲、剪贴蒙版和强光图层混合模式的综合运用
源 文 件：第4章/4.1.7
在线视频：视频/第4章/4.1.7制作玻璃上的流动水珠效果.mp4

01 打开Photoshop，在菜单栏中选择"文件"→"打开"命令，打开如图4-51所示的素材图片。

02 选择"背景"图层，按Ctrl+J组合键两次，复制两个图层，如图4-52所示，然后单击顶层图层的 ◉ 按钮隐藏此图层，如图4-53所示。

图4-51

图4-52

图4-53

03 单击"背景 拷贝"图层，为其添加模糊效果。在菜单栏中选择"滤镜"→"模糊"→"高斯模糊"命令，设置"半径"为31像素，如图4-54所示。单击"确定"按钮，模糊效果如图4-55所示。

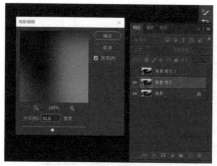

图4-54

图4-55

04 在"图层"面板中单击右下角的"创建新图层"按钮□，在"背景 拷贝"图层的上方新建一个空白图层，如图4-56所示。接着单击顶层"背景 拷贝2"图层的"指示图层可见性"按钮◎，让其显示出来，在顶层图层上右击，在弹出的快捷菜单中选择"创建剪贴蒙版"命令，效果如图4-57所示。

图4-56

图4-57

05 在"图层"面板中单击空白图层，接着单击"矩形选框工具"□，在属性栏中单击"添加到选区"按钮□，在图片中建立多条矩形选区，如图4-58所示。单击"画笔工具"□并把前景色调为黑色，用黑色画笔涂抹矩形选区，让矩形中的图像显示出来，如图4-59所示。

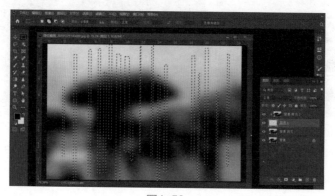

图4-58

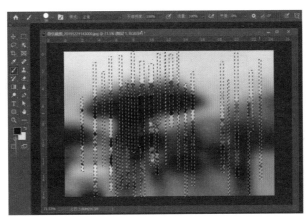

图4-59

06 按Ctrl+D组合键取消选区,接着对刚才的矩形进行扭曲处理,让其呈现水流形态。在菜单栏中选择"滤镜"→"扭曲"→"波浪"命令并调节参数,如图4-60所示。再选择"滤镜"→"扭曲"→"波纹"命令并调节到合适状态,效果如图4-61所示。

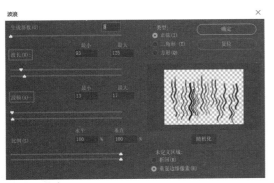

图4-60

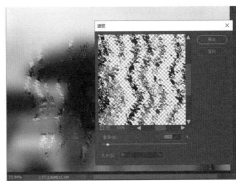

图4-61

07 拖入一张雨水效果的素材图并放到顶层,将它缩放到合适的大小,然后双击确定。选择"图层1"图层,接着在工具栏中单击"画笔工具"![],选用硬边圆画笔,用黑色涂抹人物部分,让其更明显,如图4-62和图4-63所示。

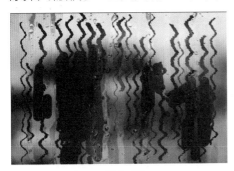

图4-62

图4-63

08 选择玻璃素材图层,然后修改它的"图层混合模式"为"强光","不透明度"设置为60%,如图4-64所示。

玻璃上的流动水珠效果制作完成，最终效果如图4-65所示。

图4-64

图4-65

4.2　抠图及图像合成处理的应用

本节主要讲解利用Photoshop抠图的方法和图像合成处理的应用，包括魔棒工具、快速选择工具、自由变换工具以及蒙版的使用，掌握简单的抠图合成方法。

4.2.1　制作蔬菜创意拼图

> 知 识 点：运用魔棒工具、快速选择工具和自由变换工具制作创意合成拼图
> 尺寸规格：1024像素×720像素
> 源 文 件：第4章/4.2.1
> 在线视频：视频/第4章/4.2.1制作蔬菜创意拼图.mp4

01 打开Photoshop，在菜单栏中选择"文件"→"新建"命令，新建一个宽为1024像素、高为720像素、分辨率为100像素/英寸的文档，如图4-66所示。

02 把蔬菜素材拖入空白文档，使用"魔棒工具"单击蔬菜的白色背景建立选区，按Delete键删除白色选区，再按Ctrl+D组合键取消选区，如图4-67所示。光标停留在"图层1"上，右击，在弹出的快捷菜单中选择"复制图层"命令，得到"图层1 拷贝"图层，如图4-68所示。

图4-66

图4-67

图4-68

03 在菜单栏中选择"编辑"→"自由变换"命令,在复制的图层上把蔬菜调节到合适的大小,如图4-69所示。在"自由变换"的状态下右击,在弹出的快捷菜单中选择"旋转"命令,调整蔬菜位置,效果如图4-70所示。

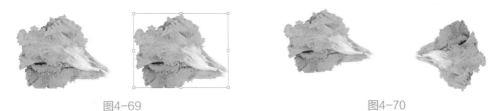

图4-69   图4-70

04 打开西红柿素材,拖入文档,单击工具栏中的"快速选择工具"![icon],选择西红柿的白色背景区域,按Delete键删除,如图4-71所示。在菜单栏中选择"编辑"→"自由变换"命令,把西红柿调整到合适的大小,如图4-72所示。

图4-71   图4-72

05 打开酱汁素材,用以上方法完成小丑的嘴巴,如图4-73所示。打开胡萝卜片素材,单击工具栏中的"快速选择工具"![icon],选择一个胡萝卜片,按Ctrl+J组合键复制胡萝卜片,然后移动到合适的位置,效果如图4-74所示。

图4-73   图4-74

06 用以上方法把葡萄、辣椒、黄瓜素材放入合适的位置,效果如图4-75和图4-76所示。

图4-75   图4-76

07 打开柠檬素材，单击工具栏中的"快速选择工具" ，把柠檬拖入画面，在柠檬图层中按Ctrl+J组合键，连续按三次，复制三片柠檬，将所有柠檬调整到合适的大小与位置，如图4-77和图4-78所示。

图4-77    图4-78

最终效果如图4-79所示。

图4-79

4.2.2　为天空更换背景

知 识 点：通过通道、选区和添加矢量蒙版命令给天空更换背景
源 文 件：第4章/4.2.2
在线视频：视频/第4章/4.2.2为天空更换背景.mp4

01 在Photoshop中打开风景素材，用"通道"面板练习为天空更换背景，如图4-80所示。

图4-80

02 单击"通道"面板，找到明暗对比较强烈的"通道"，"蓝"通道明暗对比最强烈，把其他图层左边的"指示通道可见性"按钮 👁 关闭，保留"蓝"通道可见，如图4-81所示。

03 把"蓝"通道拖动到"创建新通道"按钮上，这样就复制了一个"蓝 拷贝"通道，如图4-82所示。

图4-81　　　　　　　　　　　　　　　　　　图4-82

04 对复制的通道进行对比度的调整，提高对比度，让黑色更黑，不要的地方越白越好。在菜单栏中选择"图像"→"亮度/对比度"命令，进行明暗调整，如图4-83所示。

05 在"通道"面板中选择刚才复制的"蓝 拷贝"通道，返回到"图层"面板，在菜单栏中选择"选择"→"载入选区"命令，在"载入选区"对话框中勾选"反相"复选框，单击"确定"按钮，如图4-84所示。

图4-83　　　　　　　　　　　　　　　　　　图4-84

06 这时出现了选择区域，在"图层"面板中单击"添加矢量蒙版"按钮 ▣，黑色部分被盖住了，白色部分显示出来，树的部分分离出来，如图4-85所示。

图4-85

07 打开天空背景的素材，按Ctrl+T组合键（自由变换）对其大小进行调整，如图4-86所示。

图4-86

08 在"图层"面板中将"天空"图层拖动到树的背景层下面，这样天空背景显示在后面，如图4-87所示。

图4-87

09 单击"图层"面板右上角的 ▇ 按钮，在弹出的菜单中选择"拼合图像"命令，则全部素材拼合成一张图片，如图4-88所示。

最终效果如图4-89所示。

图4-88

图4-89

图 4.2.3 对人物发丝进行抠图

知 识 点：运用快速选择工具，结合剪贴蒙版抠图的方法对人物的头发进行抠图
源 文 件：第4章/4.2.3
在线视频：视频/第4章/4.2.3对人物发丝进行抠图.mp4

01 在Photoshop中打开人物图片素材，如图4-90所示。

02 在工具栏中单击"快速选择工具"，单击属性栏中的"选择并遮住"，如图4-91所示。

图4-90　　　　　　　　　　　　　　　图4-91

03 在"属性"面板中选择"视图"→"叠加"命令，叠加的模式是红色覆盖，因为其颜色区分度较大，所以选择这个模式，如图4-92所示。

图4-92

04 用"快速选择工具"单击画面中的人物，人物头发边缘的发丝处有白色背景，如图4-93所示。

05 单击"调整边缘画笔工具"，接着单击人物头发边缘的发丝，这个工具有自动识别边缘的功能，效果如图4-94所示。

图4-93

图4-94

06 在右边的"属性"面板中，将"输出到"设置为"新建带有图层蒙版的图层"，然后单击"确定"按钮，如图4-95所示。

07 在"图层"面板中单击"创建新图层"按钮 ⊞，在"背景"图层上新建一个图层，如图4-96所示。

图4-95

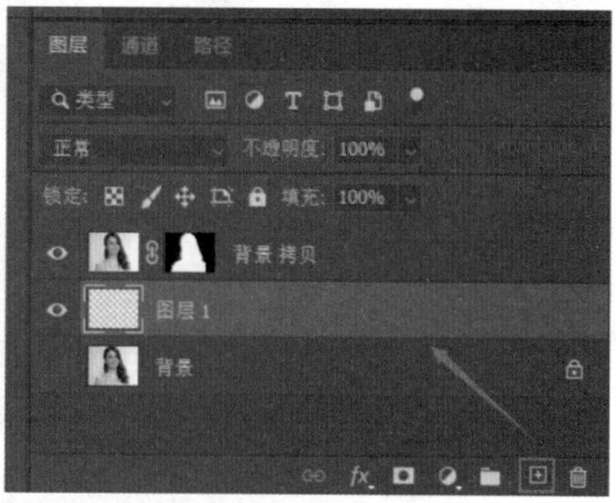

图4-96

08 在"拾色器（前景色）"对话框中设置"前景色"为黄色，数值为R：241、G：245、B：118，在菜单栏中选择"编辑"→"填充"命令，给新建图层填充黄色，如图4-97所示。

图4-97

09 使用这种方法后一般会发现头发边缘会有些白边，要把这些白边去掉。新建一个图层，右击，在弹出的快捷菜单中选择"创建剪贴蒙版"命令，如图4-98所示。

10 现在创建了剪贴蒙版，这个蒙版只对人物图层起作用，不会影响黄色图层，单击"吸管工具" ，用吸管吸头发颜色，作为后面画笔画头发的颜色，如图4-99所示。

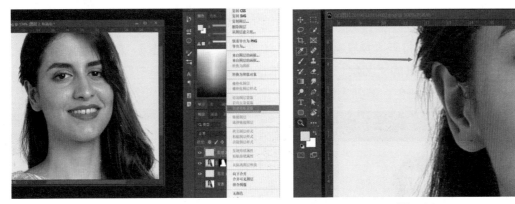

| 图4-98 | 图4-99 |

11 在工具栏中单击"画笔工具" ，把带有白边的发丝以及头部的边缘处画上颜色，如图4-100所示。

图4-100

全部完成以后可以合并图层，最终效果如图4-101所示。

图4-101

4.2.4 将人物照片转换为水彩画

知 识 点：制作、合成水彩画的方法，以及阈值色阶和图层蒙版的运用

源 文 件：第4章/4.2.4

在线视频：视频/第4章/4.2.4将人物照片转换为水彩画.mp4

01 在Photoshop中打开人物素材，按Ctrl+J组合键复制一个图层，如图4-102所示。

02 选择刚复制出来的"图层1"，在菜单栏中选择"图像"→"调整"→"阈值"命令，将图像转为黑白色，得到人像轮廓，如图4-103所示。

| 图4-102 | 图4-103 |

03 在弹出的面板中将"阈值色阶"设置为130，使人物轮廓清晰可见，如图4-104所示。

04 导入水彩画素材，把水彩画拖到人物素材上，在菜单栏中选择"编辑"→"自由变换"命令，将图像调整到能覆盖人物素材的位置，按Enter键确定，如图4-105所示。

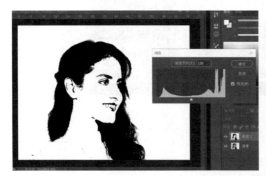

| 图4-104 | 图4-105 |

05 将水彩图图层暂时隐藏，单击图层左边的"指示图层可见性"按钮 让其关闭，如图4-106所示。

06 在"图层"面板中选择"图层1"，让其处于可编辑状态，在工具栏中单击"魔棒工具" ，单击画面空白处建立选区，再右击，在弹出的快捷菜单中选择"选择反向"命令，黑色区域则处于选区中，如图4-107所示。

图4-106

图4-107

07 在"图层"面板中单击"图层2"前方的 按钮，让其显示出来，单击水彩画图层，如图4-108所示。

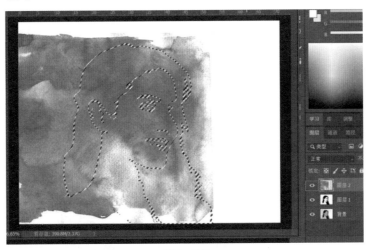

图4-108

08 在水彩画图层中单击下方的"添加矢量蒙版" 按钮 ，可以看到蒙版缩略图中黑色部分被遮挡住了，只有选区部分被显示出来，如图4-109所示。

最终效果如图4-110所示。

图4-109 图4-110

4.3 图像综合处理应用

本节主要讲解Photoshop中快速选择工具、涂抹工具、污点修复工具、蒙版以及图层混合模式的综合应用，介绍基础的图像综合处理方法，以及基本的图形图像创意效果的制作方法。

Ps 4.3.1 制作苹果冲击效果

知 识 点：模拟苹果与油漆的冲击效果，剪贴蒙版、涂抹工具的综合运用
尺寸规格：1024像素×720像素
源 文 件：第4章/4.3.1
在线视频：视频/第4章/4.3.1制作苹果冲击效果.mp4

01 打开Photoshop，在菜单栏中选择"文件"→"新建"命令，新建一个宽为1024 像素、高为720 像素、分辨率为100像素/英寸的文档，如图4-111所示。

02 在工具箱中单击"渐变工具" ，在打开的"拾色器"对话框中设置"前景色"为R：251、G：68、B：85， "背景色"为R：115、G：5、B：27，如图4-112和图4-113所示。

图4-111

图4-112

图4-113

03 单击"线性渐变" ，从下往上拖动光标，设置背景色，如图4-114所示。

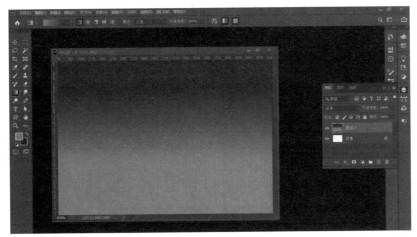

图4-114

04 打开苹果素材图片，把图片拖入红色背景图层，如图4-115所示。

图4-115

05 单击工具栏中的"快速选择工具" ，选择白色"背景"图层，在生成选区后按Delete键删除白色背景，剩下苹果部分，如图4-116所示。

06 打开油漆素材，将其拖到苹果图层上，如图4-117所示。

图4-116

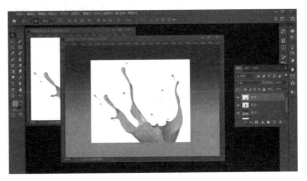

图4-117

07 单击工具栏中的"魔棒工具" ，选择白色"背景"图层，生成选区后按Delete键删除白色背景，剩下油漆部分，如图4-118所示。

08 在菜单栏中选择"编辑"→"变换"→"顺时针旋转90度"命令，再选择"自由变换"命令，将选区调整到适当大小，如图4-119所示。

图4-118

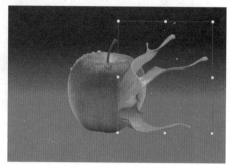
图4-119

09 单击工具栏中的"涂抹工具" ，在油漆与苹果重叠的地方进行涂抹，让其过渡柔和，如图4-120所示。

10 在"图层"面板中单击"创建新的填充或调整图层" 按钮 ，然后选择"色相/饱和度"命令，如图4-121所示。

11 勾选"属性"面板下面的"着色"复选框，如图4-122所示，然后把油漆颜色调成与苹果颜色接近的颜色。

图4-120

图4-121

图4-122

12 按Ctrl+Alt+G组合键创建剪贴蒙版，效果如图4-123所示。

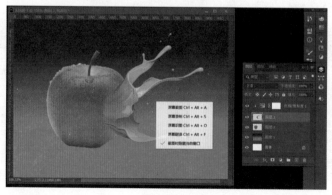
图4-123

13 按Ctrl+J组合键复制苹果图层，移动复制图层至顶层，再将其移到图4-124所示的位置。

图4-124

14 按Ctrl+Alt+G组合键创建剪贴蒙版，效果如图4-125所示。

图4-125

15 在当前"图层"面板下方单击"添加图层蒙版"按钮 ，给其添加蒙版，然后把"前景色"设置为黑色，如图4-126所示。

16 单击"画笔工具" ，设置画笔"不透明度"为15%，然后把不需要的地方涂掉，使画面过渡自然，如图4-127所示。

图4-126

图4-127

17 在"图层1"上新建一个空白图层，如图4-128所示。

18 单击"椭圆选框工具" ，建立如图4-129所示的选区，在菜单栏中选择"选择"→"修改"→"羽化"命令，设置羽化数值为30像素，然后填充黑色。

图4-128　　　　　　　　　　　　　　　　图4-129

按Ctrl+D组合键取消选区，最终效果如图4-130所示。

图4-130

 PS 4.3.2　制作人物彩妆效果

知 识 点：为人物画彩妆的方法及图层混合模式叠加功能的运用

源 文 件：第4章/4.3.2

在线视频：视频/第4章/4.3.2制作人物彩妆效果.mp4

01 在Photoshop中打开人物素材，如图4-131所示。

图4-131

02 在"图层"面板中单击"创建新图层"按钮▣，新建一个图层，单击"拾色器（前景色）"对话框，将颜色值设为R：129、G：34、B：36，如图4-132所示。

03 单击"画笔工具"按钮✎，用柔边圆画笔在左右两只眼睛的内边缘进行涂抹，在"图层"面板中的图层混合模式中选择"叠加"，如图4-133所示。

图4-132

图4-133

04 新建一个图层，用同样的方法对下眼袋部位进行涂抹，设置颜色值为R：72、G：139、B：54，"图层模式"为"叠加"，"不透明度"降低到59%，如图4-134所示。眼尾处也用同样方法画上紫色，设置颜色值为R：110、G：49、B：114，如图4-135所示。

图4-134

图4-135

05 新建一个图层，用同样的方法为人物涂抹绿色，设置颜色值为R：40、G：193、B：146，可以适当调节不透明度，让颜色过渡的自然一些，如图4-136所示。

06 打开眼贴钻石素材，如图4-137所示。单击"快速选择工具"✎，选择其中一颗钻石，并拖到人物素材中。按Ctrl+T组合键（自由变换），把钻石调整到合适大小，在菜单栏中选择"图层"→"图层样式"→"投影"命令，调整投影的效果，参数值如图4-138所示。

图4-136

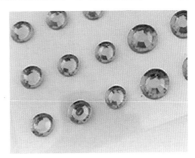

图4-137

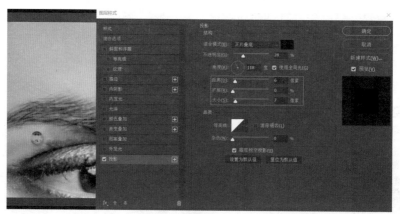

图4-138

07 把钻石图层拖到"创建新图层"按钮🔲上，复制出新图层。连续操作三次，共复制三个新图层，共4颗钻石，如图4-139所示。

08 按Ctrl+T组合键（自由变换），把钻石调整到合适大小，并按一定顺序排列，效果如图4-140所示。

图4-139

图4-140

09 新建一个图层用来画嘴唇颜色，单击"钢笔工具"🖊️，然后沿着嘴唇轮廓画出封闭的轨迹，如图4-141所示。

图4-141

10 画完以后右击，在弹出的快捷菜单中选择"建立选区"命令，在菜单栏中选择"编辑"→"填充"命令，设置颜色值为R：219、G：179、B：44，填充完颜色后按Ctrl+D组合键取消选区，将图层混合模式设置为"颜色"，"不透明度"调整为75%，如图4-142所示。

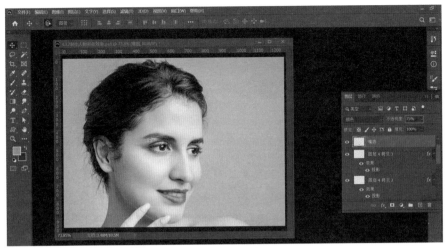

图4-142

11 为脸颊添加腮红。单击"椭圆选框工具" ◯，在脸颊上画一个椭圆形，在菜单栏中选择"选择"→"修改"→"羽化"命令，设置"羽化值"为40像素，如图4-143所示。再填充颜色，设置颜色值为R：247、G：19、B：30，如图4-144所示。

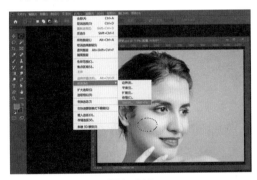

图4-143

图4-144

12 填充完颜色，将图层混合模式设置为"叠加"，"不透明度"改为30%，如图4-145所示。

全部完成后的效果如图4-146所示。

图4-145

图4-146

PS 4.3.3　游轮图片综合修复处理

知 识 点：对游轮进行画面效果调整，使读者了解污点修复画笔工具、快速选择工具、色彩平衡的综合运用方法

源 文 件：第4章/4.3.3

在线视频：视频/第4章/4.3.3游轮照片综合修复处理.mp4

01 打开Photoshop，导入游轮图片素材，如图4-147所示。

图4-147

02 去掉远处的小山和船尾翼。在工具栏中单击"污点修复画笔工具" ，将画笔调节到合适的大小，对远处的小山和船尾翼进行涂抹，如图4-148所示。接着用"污点修复画笔工具" 涂抹船上的杂物、救生圈等，效果如图4-149所示。

图4-148

图4-149

03 其他细节用"修补工具"调整，在工具栏中单击"修补工具" ，按住鼠标左键，圈住目标区域，选区内的图像将被替换。把属性栏的修补选项更改为"内容识别" ，效果如图4-150所示。

图4-150

04 对画面进行调色。单击"图层"面板的"创建新的填充或调整图层" 按钮，选择"色彩平衡"命令，其目的是将画面色调调成蓝色，如图4-151所示。单击"画笔工具"，用黑色画笔涂抹除天空以外的区域，对天空颜色进行调整，如图4-152所示。

图4-151　　　　　　　　　　　　　　　　　图4-152

05 调整海水颜色与调整天空颜色的操作步骤一样，单击"画笔工具"，调整相关参数值，用黑色画笔涂抹除海水以外的区域，如图4-153和图4-154所示。

图4-153　　　　　　　　　　　　　　　　　图4-154

06 单击"快速选择工具"，单击除天空、海水之外的区域，如图4-155所示。按Ctrl+J组合键复制该图层，单击"图层"面板的"创建新的填充或调整图层"按钮，选择"曲线"命令，调整人物部分的亮度，如图4-156所示。

图4-155　　　　　　　　　　　　　　　　　图4-156

07 右击，在弹出的快捷菜单中选择"合并可见图层"命令合并素材，让全部图层合并成一张图片。为了统一画面的整体色调，依然在"图层"面板的"创建新的填充或调整图层"按钮 上单击"色彩平衡"调节层，调整画面整体色调，效果如图4-157所示。最终效果如图4-158所示。

图4-157

图4-158

Ps 4.3.4 人脸快速磨皮

知 识 点：对人脸进行快速磨皮以消除脸上的瑕疵，并介绍蒙版、画笔工具、高斯模糊工具的综合运用（这种方法磨皮速度快，但会损失脸上的细节）

源 文 件：第4章/4.3.4

在线视频：视频/第4章/4.3.4人脸快速磨皮.mp4

01 打开Photoshop，在菜单栏中选择"文件"→"打开"命令，打开素材图片，如图4-159所示。

图4-159

02 复制"背景"图层，在工具栏中单击"污点修复画笔工具" ，对人物脸上比较明显的痘印进行涂抹，如图4-160和图4-161所示。

图4-160

图4-161

03 将比较明显的痘印涂抹掉后，按Ctrl+J组合键复制一个已处理痘印的图层，如图4-162和图4-163所示。

图4-162

图4-163

04 在菜单栏中选择"滤镜"→"模糊"→"高斯模糊"命令，根据图片情况，调整"半径"为18像素，单击"确定"按钮，如图4-164和图4-165所示。

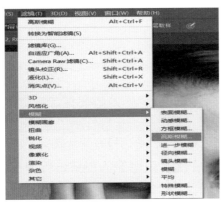

图4-164

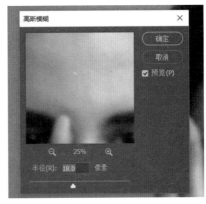

图4-165

05 选择"背景 拷贝2"图层，按住Alt键的同时单击"添加矢量蒙版"按钮■，如图4-166所示。单击"画笔工具"✍，将前景色设置为白色，适当调整画笔流量和不透明度，然后涂抹皮肤。单击蒙版图层，在"调整"面板中选择"创建新的曲线调整图层"命令，调整明暗对比度，如图4-167所示。

图4-166

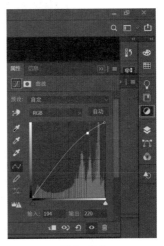

图4-167

图像色彩调整完成，最终效果如图4-168所示。

图4-168

An 4.3.5 人脸精修磨皮

知 识 点：运用高低频方法对人脸进行精修磨皮（这种方法能够较好地保存脸上的细节）

源 文 件：第4章/4.3.5

在线视频：视频/第4章/4.3.5人脸精修磨皮.mp4

01 打开Photoshop，在菜单栏中选择"文件"→"打开"命令，打开图片素材，如图4-169所示。单击"污点修复画笔工具" ，对人物脸上较明显的痘痘进行涂抹，消除痘痘。

图4-169

02 选择"通道"面板中的"蓝"通道，右击，在弹出的快捷菜单中选择"复制通道"命令，得到"蓝 拷贝"通道，如图4-170和图4-171所示。

图4-170

图4-171

03 选择"蓝 拷贝"通道，在菜单栏中选择"滤镜"→"其他"→"高反差保留"命令，设置"半径"为10像素，单击"确定"按钮，如图4-172和图4-173所示。

04 在工具栏中将前景色设置为R：159、G：159、B：159，设置"硬度"为100%、"透明度"为100%、"流量"为100%。单击"画笔工具" ，将模特的眼睛、嘴巴涂抹掉，适当调整画笔大小，如图4-174所示。

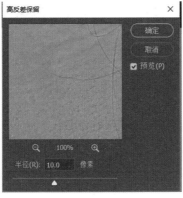

图4-172　　　　　　　　　　图4-173　　　　　　　　　　　　图4-174

05 在菜单栏中选择"图像"→"计算"命令，在弹出的"计算"对话框中将"混合"改为"强光"，得到Alpha1通道，如图4-175和图4-176所示。

图4-175　　　　　　　　　　　　　　图4-176

06 重复步骤（5）两次，得到Alpha2和Alpha3通道，如图4-177和图4-178所示。

图4-177　　　　　　　　　　　　　图4-178

07 按住Ctrl键的同时单击Alpha3通道的缩略图，选中人物身体上光滑的部分，如图4-179所示。在菜单栏中选择"选择"→"反选"命令，效果如图4-180所示。

图4-179 图4-180

08 回到"图层"面板，在"调整"里单击"曲线"按钮 ，为图层添加一个曲线并往上拉，如图4-181所示，人物有所变化。在"通道"面板中单击"指示图层可见性" 按钮 ，将后几个通道进行隐藏，如图4-182所示。

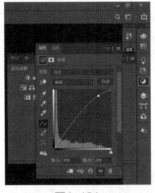

图4-181 图4-182

09 按Ctrl+Alt+Shift+E组合键在原始图层上盖印一层，得到"图层1"，单击"背景"图层，按Ctrl+J组合键复制图层，重复两次，复制两层，双击图层名并分别命名为"高频""低频"，然后将其置于顶层，如图4-183所示。

10 单击"低频"图层，在菜单栏中选择"滤镜"→"模糊"→"表面模糊"命令，设置"半径"为20像素，"阈值"为25色阶，如图4-184所示。将该图层的"不透明度"设置为15%，如图4-185所示。低频操作的目的是对人物脸部进行磨皮处理，使其脸部变得光滑柔和。

图4-183 图4-184 图4-185

11 选择"高频"图层，在菜单栏中选择"图像"→"应用图像"命令，在弹出的"应用图像"对话框中，将"通道"设置为"红"，将"混合"设置为"正常"，如图4-186和图4-187所示。

图4-186　　　　　　　　　　　　　　　　图4-187

12 选择"高频"图层，在菜单栏中选择"滤镜"→"其他"→"高反差保留"命令，如图4-188所示，将"半径"设置为0.8像素。将图层的混合模式设置为"线性光"，如图4-189所示。高频操作的目的是对人物脸部细节进行处理，使其面部呈现毛孔等细节。

图4-188　　　　　　　　　　　　　　　　图4-189

最终效果如图4-190所示。

图4-190

4.3.6 河水变海水效果

知 识 点：将河水变成海水的综合处理，以及污点修复工具、内容识别、色彩平衡、图层混合模式叠加及背景图片合成的综合运用

源 文 件：第4章/4.3.6

在线视频：视频/第4章/4.3.6河水变海水效果.mp4

01 在Photoshop中打开图4-191所示的素材，要将此图中的河水处理成海水，首先要把远处的山处理掉，接着要把河水处理成蓝色的海水。

图4-191

02 单击"矩形选框工具" ，在画面的上方建立一个矩形选区用来遮住山，选择"编辑"→"填充"命令，如图4-192所示。

图4-192

03 在"填充"对话框中将"内容"设置为"内容识别"，如图4-193所示。按Ctrl+D组合键取消选区，远处的山就被河水替代了。

04 单击"污点修复工具" ，对右上角没有完全去掉的山的倒影进行涂抹，修复效果如图4-194所示。

图4-193

图4-194

05 单击"快速选择工具" ![icon]，将水面的区域全部选择到选区内，如图4-195所示。

06 在菜单栏中选择"图像"→"调整"→"色彩平衡"命令，调节颜色参数，调整水的颜色，如图4-196所示。

图4-195

图4-196

07 人物暗部的颜色偏绿灰，需要将其调成蓝灰色才符合海上的颜色效果。新建一个图层，单击"画笔工具" ![icon]，对人物的暗部进行涂抹，涂抹成蓝色，如图4-197所示。

08 涂抹完成后选择"图层混合模式"为"叠加"，"不透明度"为30%，效果如图4-198所示。

图4-197

图4-198

09 将天空素材拖入画面，按Ctrl+T组合键（自由变换）对天空素材进行调整，如图4-199所示。

10 在天空素材图层上单击"添加图层蒙版"按钮 ![icon]，在工具栏中单击"渐变工具" ![icon]，然后设置一个白色到黑色的渐变效果，让天空素材与水面交界处过渡柔和，如图4-200所示。

图4-199

图4-200

最终效果如图4-201所示。

图4-201

第5章
平面设计应用实例

本章主要介绍Photoshop在平面设计领域的应用，包括海报设计、广告设计、贺卡设计、LOGO设计、食品包装效果图设计、字体设计。通过运用Photoshop制作简单平面设计的实例，使读者了解基础的平面设计制作方法。

5.1 图片合成类设计实例

本节主要讲解Photoshop中合成图片的方法，使读者通过海报设计、广告设计、贺卡设计等实例，掌握图片合成方法并能熟练应用到其他平面设计领域。

5.1.1 饮料海报设计

知 识 点：饮料海报的合成设计制作，以及渐变工具、魔棒工具、快速选择工具、自由变换工具等的综合运用

尺寸规格：1000像素×1000像素

源 文 件：第5章/5.1.1

在线视频：视频/第5章/5.1.1饮料海报设计.mp4

01 打开Photoshop，在菜单栏中选择"文件"→"新建"命令，新建一个宽为1000像素、高为1000像素、分辨率为300像素/英寸，颜色模式为RGB颜色，背景内容为白色的文档，如图5-1所示。

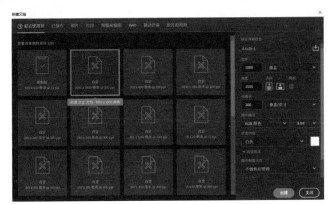

图5-1

02 在"拾色器"对话框中，设置前景色为R：254、G：182、B：46，背景色为R：254、G：81、B：6，然后单击"确定"按钮，如图5-2和图5-3所示。

图5-2 图5-3

03 单击工具栏中的"渐变工具" ，在属性栏中单击"径向渐变"按钮 ，从中间往周围拖动光标得到背景色，如图5-4和图5-5所示。

图5-4 图5-5

04 打开饮料瓶素材，单击"移动工具" ，把饮料瓶素材拖入"背景"图层，如图5-6和图5-7所示。

图5-6 图5-7

05 在工具箱中单击"魔棒工具" ，单击空白处建立选区，如图5-8所示。按Delete键
删除白色选区，右击，在弹出的快捷菜单中选择"取消选择"命令，如图5-9所示。

图5-8

图5-9

06 在菜单栏中选择"编辑"→"自由变换"命令，拖动控制点将饮料瓶缩小到合适的
大小，如图5-10所示，再双击取消自由变换。把水浪素材拖进来，单击"魔棒工具" ，
再单击空白处建立选区，如图5-11所示。

图5-10

图5-11

07 在水浪素材选区中右击，在弹出的快捷菜单中选择"选择反向"命令，单击"移动
工具" 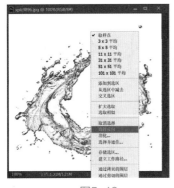，把水浪素材拖进饮料瓶界面，如图5-12和图5-13所示。

图5-12

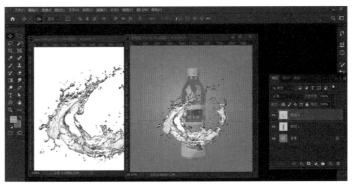

图5-13

08 选择水浪素材图层，将其拖动到饮料瓶图层下，如图5-14所示。图层混合模式选择"划分"，如图5-15所示。

图5-14 图5-15

09 打开切开的橙子素材，单击"快速选择工具" ，选中橙子部分，如图5-16所示。单击"移动工具" ，把橙子素材拖到饮料瓶界面，按Ctrl+T组合键（自由变换），将橙子素材缩小到合适的大小，如图5-17所示。

图5-16 图5-17

10 打开带叶子的橙子素材，在工具栏中单击"多边形套索工具" ，用"多边形套索工具"选中一个完整的橙子，如图5-18所示。在首尾连接处双击，建立选区，如图5-19所示。

图5-18 图5-19

11 将橙子选区拖到饮料瓶界面中，调整好位置，最终效果如图5-20所示。

图5-20

PS 5.1.2 化妆品广告设计

知 识 点：人物与产品组成的广告设计，以及快速选择工具、自由变换、人物磨皮、多边形套
索工具、颜色替换等综合工具的运用

源 文 件：第5章/5.1.2

在线视频：视频/第5章/5.1.2化妆品广告设计.mp4

01 在Photoshop中打开图片素材，按Ctrl+J组合键复制一张图片备份，如图5-21所示。

图5-21

02 在工具栏中单击"快速选择工具" ，单击人物部分，将其全部置于选区内。接着
按Ctrl+J组合键复制人物图层，如图5-22所示。隐藏除人物图层外的所有图层，如图5-23
所示。

图5-22

图5-23

03 新建一个图层,将背景色设置为白色,置于人物图层下方充当背景层,如图5-24所示。

图5-24

04 按Ctrl+T组合键(自由变换)调整人物图层大小,如图5-25所示。调整人物图层大小并移动位置后的效果如图5-26所示。

图5-25

图5-26

05 接下来对人物进行快速磨皮操作,按Ctrl+J组合键复制一张人物图层,然后在新建的图层上选择"滤镜"→"模糊"→"高斯模糊"命令,将"半径"设置为16.6像素,如图5-27和图5-28所示。

图5-27   图5-28

06 为该图层添加蒙版，按住Alt键的同时单击"图层"面板底部的"添加图层蒙版"按钮■，为该图层添加黑色蒙版。添加黑色蒙版的目的是将原图层隐藏起来，画面会更清晰。单击"画笔工具"■，将前景色颜色设置为白色，将"不透明度"调为40%，在瑕疵区域进行涂抹，效果如图5-29所示。

图5-29

07 打开指甲油瓶子素材，用"多边形套索工具"■选中指甲油瓶子，如图5-30所示。按Ctrl+C组合键复制指甲油瓶子，接着按Ctrl+V组合键将指甲油瓶子粘贴到人物界面中，再按Ctrl+T组合键（自由变换）调整指甲油瓶子的大小，如图5-31所示。

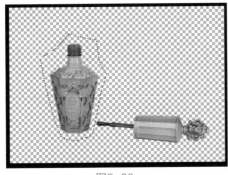

图5-30   图5-31

08 把指甲油瓶子的"不透明度"调整为46%，如图5-32所示。使用"橡皮擦工具" 把被手遮住的指甲油瓶子的底部擦掉，再把指甲油瓶子的不透明度恢复成100%，效果如图5-33所示。

图5-32   图5-33

09 拖入油漆素材，按Ctrl+T组合键（自由变换）调整大小，将其放在瓶子上面对准瓶口，如图5-34所示。

图5-34

10 替换指甲油瓶子的瓶口颜色。在菜单栏中选择"图像"→"调整"→"替换颜色"命令，打开"替换颜色"对话框，如图5-35所示。用"吸管工具"吸取指甲油瓶口的红色，移动下方的滑块使其变为黄色，如图5-36所示，完成后的效果如图5-37所示。

图5-35   图5-36   图5-37

11 对海报整体调色，首先把除备份图层外的图层合并成一张图片。单击"图层"面板的"创建新的填充或调整图层"按钮，选择"曲线"命令进行调节，如图5-38所示。最终效果如图5-39所示。

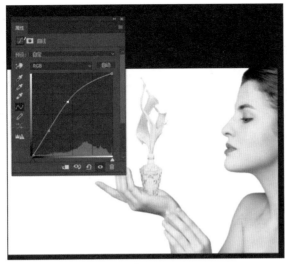

图5-38 图5-39

PS 5.1.3 情人节贺卡设计

知 识 点：情人节贺卡的合成制作，以及自定形状工具、羽化、渐变工具、蒙版、图层样式的综合运用

尺寸规格：1024像素×720像素

源 文 件：第5章/5.1.3

在线视频：视频/第5章/5.1.3情人节贺卡设计.mp4

01 打开Photoshop，选择"文件"→"新建"命令，新建一个宽为1024 像素、高为720像素、分辨率为100像素/英寸的文档，将"背景色"数值设置为R：236、 G：81、B：168，单击"创建"按钮，如图5-40和图5-41所示。

图5-40 图5-41

02 在"图层"面板中新建一个图层，如图5-42所示。单击"椭圆选框工具" 🔲，按住Shift键拉出一个圆形选区。在菜单栏中选择"选择"→"修改"→"羽化"命令，设置"羽化"数值为70像素，然后填充颜色为R：252、 G：151、B：33，效果如图5-43所示。

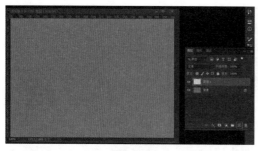

图5-42 图5-43

03 新建一个图层，单击"椭圆选框工具"█建立一个圆形选区，在菜单栏中选择"选择"→"修改"→"羽化"命令，设置"羽化"值为45像素，填充颜色为R：252、G：229、B：33，将图层混合模式改为"颜色减淡"，"不透明度"改为70%，如图5-44和图5-45所示。

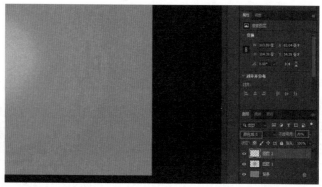

图5-44 图5-45

04 新建一个图层，在工具栏中单击"钢笔工具"█，在属性栏中选择"路径"，绘制一个心形，接着右击，在弹出的快捷菜单中选择"建立选区"命令，并填充为白色，不要取消选区，如图5-46和图5-47所示。

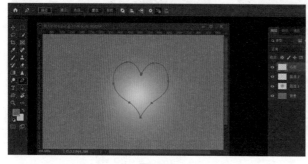

图5-46 图5-47

05 在菜单栏中选择"选择"→"修改"→"收缩"命令，设置"数值"为15，在菜单栏中选择"选择"→"修改"→"羽化"命令，将"羽化"值设置为20像素，然后按Delete 键删除中间部分的白色。取消选区后在"图层"面板中单击"锁定透明像素"按钮，再填充为白色，效果如图5-48和图5-49所示。

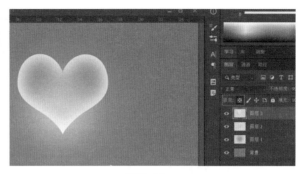

图5-48　　　　　　　　　　　　　　　　　　　图5-49

06 将心形图层拖入新建图层上，复制一个心形图层，在菜单栏中选择"编辑"→"自由变换"命令，调整心形大小，如图5-50和图5-51所示。

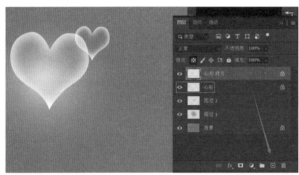

图5-50　　　　　　　　　　　　　　　　　　　图5-51

07 导入人物素材，单击"魔棒工具" ，单击素材中的黑色人物剪影部分，再用"移动工具" 把素材的黑色人物剪影部分拖到左图中，如图5-52所示。

图5-52

08 使用"魔棒工具" 单击人物部分，让其成为选区，再单击"渐变工具" ，设置前景色为黄色，背景色为紫色，设置一个从下到上的线性渐变。完成后的效果如图5-53所示。

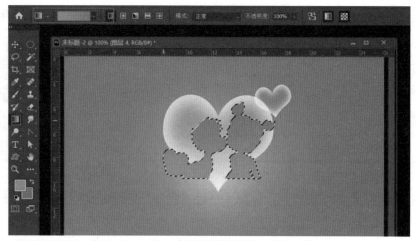

图5-53

09 在人物素材图层中单击"添加图层蒙版"按钮 ▣，为其创建一个蒙版，如图5-54所示。单击"画笔工具" ✐，用黑色涂抹心形以外的区域，效果如图5-55所示。

图5-54

图5-55

10 在"图层"面板中新建一个图层，在工具栏中单击"椭圆选框工具" ◯，建立一个椭圆形选区，设置"羽化"值为20像素，填充颜色为R：253、G：200、B：56，如图5-56所示。打开花纹素材，将其拖入界面，运用前面介绍的方法进行渐变填充，如图5-57所示。

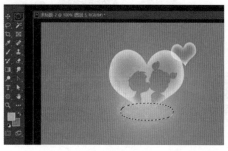

图5-56

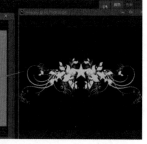

图5-57

11 打开鲜花素材，拖入图中，并在"图层"面板中将其拖到"花纹"图层下，如图5-58所示。运用前面介绍的方法把文字也拖入图中，并在图层类型中选择"深色"。在菜单栏中选择"图层"→"图层样式"→"投影"命令添加投影，完成后的效果如图5-59所示。

图5-58

图5-59

12 单击工具栏中的"文字工具" T ，输入文字"浪漫情人节"，在属性栏中选择"幼圆"字体。在菜单栏中选择"图层"→"图层样式"→"渐变叠加"命令，在弹出的对话框中设置渐变的颜色，为字体添加渐变，效果如图5-60所示。

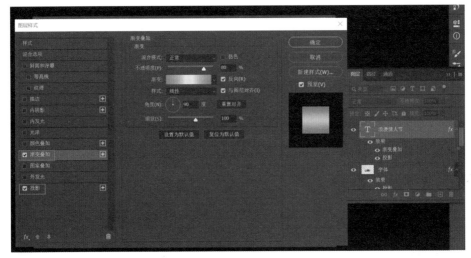
图5-60

最终效果如图5-61所示。

图5-61

5.2 LOGO类设计实例

本节主要讲解运用Photoshop进行LOGO设计的方法，使读者了解钢笔工具、椭圆工具、转换点工具、渐变工具、蒙版、路径的综合使用方法，并能在LOGO设计领域灵活运用这些工具。

图 5.2.1 品牌标志设计

知识点：路径的画图，钢笔工具、椭圆工具、转换点工具、渐变工具等的综合运用

尺寸规格：297毫米×210毫米

源文件：第5章/5.2.1

在线视频：视频/第5章/5.2.1品牌标志设计.mp4

01 新建一个宽为297毫米、高为210毫米、分辨率为300 像素/英寸的文档。单击工具栏中的"渐变工具" ▣，选择"线性渐变"，前景色设置为白色，背景色设置为蓝色，颜色值为R：149、G：189、B：254，然后从下往上拉出渐变，效果如图5-62所示。

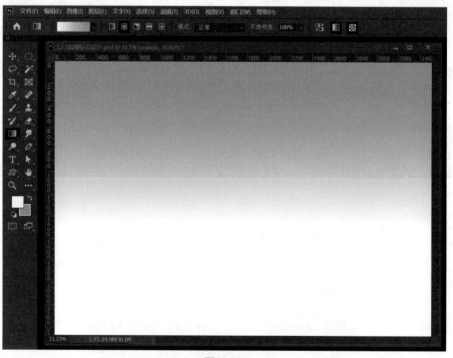

图5-62

02 在"背景"图层上新建一个图层，在工具栏中单击"椭圆工具" ●，在属性栏中选择"路径"，按住Shift键画一个圆形，如图5-63所示。在圆形中右击，在弹出的快捷菜单中选择"建立选区"命令，如图5-64所示。

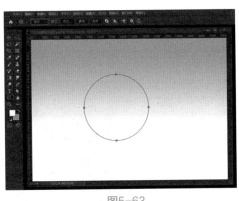

图5-63　　　　　　　　　　　　　　　　　　　　　图5-64

03 单击工具栏中的"渐变工具" ，在属性栏中选择"径向渐变" ，打开"拾色器"对话框，设置前景色（R：250、G：172、B：61）和背景色（R：238、G：91、B：38），在选区中从内向外建立渐变，再按Ctrl+D 组合键取消选区，如图5-65所示。单击"椭圆选框工具" 画一个椭圆形，并按Delete键删除选区里面的部分，如图5-66所示。

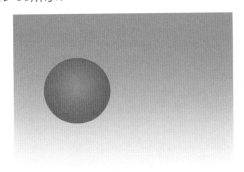
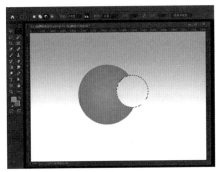

图5-65　　　　　　　　　　　　　　　　　　　　　图5-66

04 在工具栏中选择"钢笔工具" ，画一片叶子的形状，配合使用"转换点工具" 进行调节，如图5-67所示。右击，在弹出的快捷菜单中选择"建立选区"命令，再单击"渐变工具" ，接着打开"拾色器"对话框，设置前景色（R：35、G：154、B：68）和背景色（R：131、G：189、B：69），设置叶片的渐变效果，如图5-68所示。

图5-67　　　　　　　　　　　　　　　　　　　　　图5-68

05 在"图层1"图层上右击，在弹出的快捷菜单中选择"复制图层"命令，得到"图层1 拷贝"图层，如图5-69所示。按住Ctrl键的同时单击"图层1拷贝"图层的缩略图，建立选区，然后选择"编辑"→"填充"命令，将选区填充为白色，如图5-70所示。

图5-69 图5-70

06 制作出的白色选区作为外轮廓。将"图层1 拷贝"图层拖动到"图层1"图层的下方，在菜单栏中选择"编辑"→"自由变换"命令，将其拉大一点，如图5-71所示。在菜单栏中选择"图层"→"图层样式"→"投影"命令，为其加投影效果，如图5-72所示。

图5-71 图5-72

07 单击工具栏中的"文字工具" T ，输入文字，在属性栏中选择"华文琥珀"字体，在菜单栏中选择"图层"→"图层样式"→"渐变叠加"命令，然后在弹出的对话框中单击"渐变"并选择颜色，如图5-73所示。

08 给文字图层添加投影，在菜单栏中选择"图层"→"图层样式"→"投影"命令，设置"不透明度"为50%，"角度"为145度，再根据需要设置距离、扩展、大小等数值，如图5-74所示。

09 为文字图层添加白色描边，在菜单栏中选择"图层"→"图层样式"→"描边"命令，设置描边"大小"为24像素，"位置"为内部，如图5-75所示。

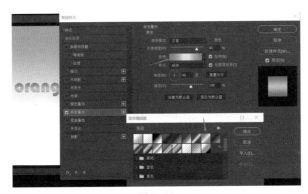

图5-73

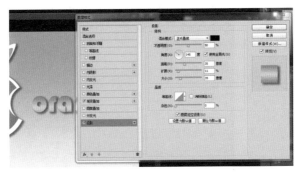

图5-74

图5-75

最终效果如图5-76所示。

图5-76

Photoshop CC 实例教程——设计·制作·印刷·商业模板 微课视频版

ₚₛ 5.2.2 饮料 **LOGO** 设计

知 识 点：矢量蒙版、路径、与形状区域相交、钢笔工具、锚点等的综合运用

尺寸规格：297毫米×210毫米

源 文 件：第5章/5.2.2

在线视频：视频/第5章/5.2.2饮料LOGO设计.mp4

01 在Photoshop中新建一个宽为297毫米、高为210毫米、分辨率为300 像素/英寸的文档。在"图层"面板中创建一个新图层，在菜单栏中选择"编辑"→"填充"命令，将前景色填充为R：238、G：3、B：10，如图5-77和图5-78所示。

图5-77

图5-78

02 在工具栏中单击"椭圆工具" ⬤ ，在属性栏中选择"路径"，按住Shift键画一个圆形，如图5-79所示。再单击属性栏中的"新建矢量蒙版"，为红色图层加上矢量蒙版，如图5-80所示。

图5-79

图5-80

03 在"图层"面板中将"图层1"图层拖到"创建新图层" 按钮🔲上，连续操作两次，复制两个图层，如图5-81所示。单击"图层1拷贝2"图层，在菜单栏中选择"编辑"→"填充"命令，填充为蓝色，颜色值设置为R：10、G：57、B：129，如图5-82所示。

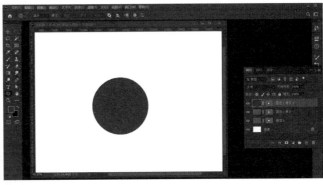

图5-81 图5-82

04 在工具栏中单击"矩形工具" ⬛，在属性栏中选择"路径"，单击"与形状区域相交" ⬛，画出矩形，如图5-83所示。

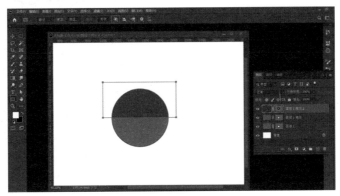

图5-83

05 将复制的"图层1拷贝"填充为白色，如图5-84所示。在工具栏中单击"添加锚点" ⬚，增加一个锚点放在"图层1拷贝2"层矩形底边的中间位置，并结合"直接选择工具" ▸调节成S形，如图5-85所示。

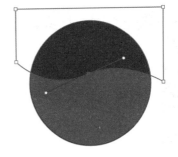

图5-84 图5-85

06 选择调节好的S形边，在工具栏中单击"路径选择工具"，接着在菜单栏中选择"编辑" → "拷贝"命令，然后选择"图层1拷贝"图层，并在菜单栏中选择"编辑" → "粘贴"命令，如图5-86所示。按住↓方向键向下移动图层至合适位置，如图5-87所示。

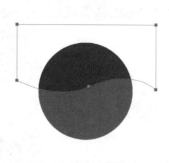

图5-86

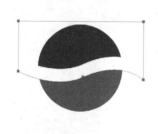

图5-87

07 选择"图层1"图层，接着在工具栏中单击"钢笔工具"，在属性栏中选择"路径"，接着选择"排除重叠形状"，画出"飘带形状"，如图5-88所示。在"图层"面板中单击背景图层"指示图层可见性"按钮◉，隐藏"背景"图层，然后单击图层右上角的按钮，在弹出的菜单中选择"合并可见图层"命令，如图5-89所示。

图5-88   图5-89

08 在"图层"面板中新建一个图层，单击"钢笔工具" ✐，在属性栏中选择"路径"，画出文字的轮廓，如图5-90所示。将此图层填充为蓝色，颜色值设置为R：10、G：57、B：129，如图5-91所示。

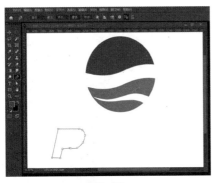
图5-90

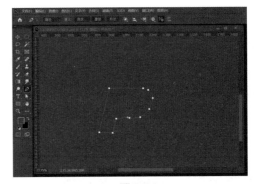
图5-91

09 单击属性栏中的"新建矢量蒙版"按钮 ![蒙版]，添加矢量蒙版，如图5-92所示。单击"钢笔工具" ![]，在属性栏中选择"路径""排除重叠形"选项画出字母里的空白部分，效果如图5-93所示。

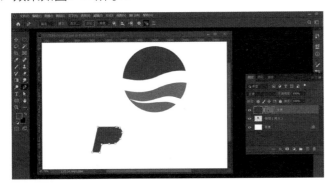
图5-92

图5-93

10 用上述同样的方法画出余下的文字，最终效果如图5-94所示。

图5-94

![PS] **5.2.3 透明背景LOGO设计**

| 知 识 点：钢笔工具、转换点工具、渐变工具、图层样式的综合运用 |
| 尺寸规格：950像素×750像素 |
| 源 文 件：第5章/5.2.3 |
| 在线视频：视频/第5章/5.2.3透明背景LOGO设计.mp4 |

01 打开Photoshop软件，在菜单栏中选择"文件"→"新建"命令，新建一个宽为950像素、高为750像素、分辨率为150像素/英寸、背景内容选择"透明"的文档，如图5-95

和图5-96所示。

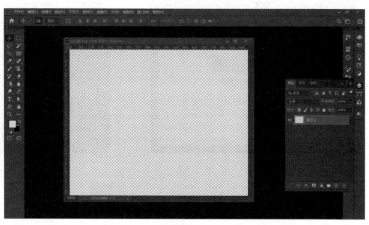

图5-95　　　　　　　　　　　　　　　　　图5-96

02 在"图层"面板中单击"创建新图层"按钮 ，新建一个图层，单击"钢笔工
具" ，在属性栏选择"路径"，画出三角形的大致形状。用"转换点工具" 把直
角点转换成弧形，并用"直接选择工具" 进行调节，如图5-97所示。再右击，在弹出
的快捷菜单中选择"建立选区"命令，在"拾色器"对话框中设置前景色为R：1、G：
52、B：97，背景色为R：0、G：228、B：245，单击"渐变工具" ，设置线性渐变，
完成后如图5-98所示。

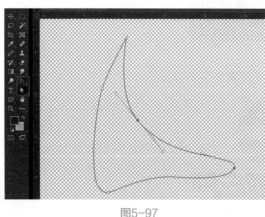

图5-97　　　　　　　　　　　　　　　　　图5-98

03 在"图层"面板中新建一个图层，单击"钢笔工具" ，画出图5-99所示的形状。
右击，在弹出的快捷菜单中选择"建立选区"命令，填充渐变颜色，设置前景色为R：
172、G：176、B：1，背景色为R：214、G：245、B：1，使用"渐变工具" 设置线
性渐变，如图5-100所示。

04 新建一个图层，单击"钢笔工具" ，画出图5-101所示的形状。右击，在弹出的
快捷菜单中选择"建立选区"命令，填充渐变颜色，设置前景色为R：251、G：58、
B：2，背景色为R：255、G：234、B：0，设置线性渐变，效果如图5-101和图5-102
所示。

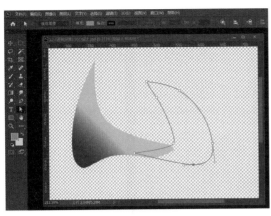

图5-99　　　　　　　　　　　　　图5-100

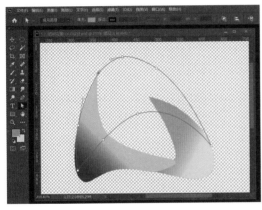

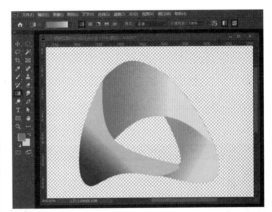

图5-101　　　　　　　　　　　　　图5-102

05 把蓝色形状图层移动到图层顶端，接着在菜单栏中选择"图层"→"图层样式"→"投影"命令，为其添加投影效果，如图5-103所示。采用同样的方法为橘色形状图层添加投影效果，如图5-104所示。

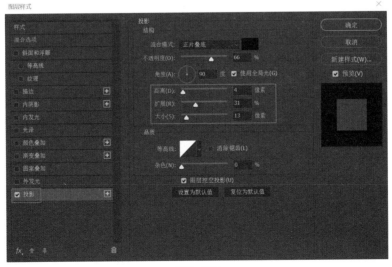

图5-103

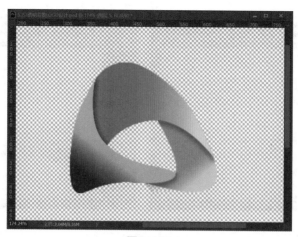

图5-104

06 单击"文字工具" T ，输入文字，完成效果如图5-105所示。

07 按住Ctrl键的同时单击除背景图层以外的其他图层，接着右击，在弹出的快捷菜单中选择"合并图层"命令。在菜单栏中选择"文件"→"存储为"命令，在弹出的对话框中选择"保存类型"为PNG格式。带透明背景的LOGO即绘制完成，最终效果如图5-106所示。

图5-105

图5-106

5.3 食品包装类设计实例

本节主要讲解食品包装类效果图的设计制作，使读者了解钢笔工具、加深工具、减淡工具、文字工具、路径、滤镜、模糊的综合应用，掌握基本的绘制包装类效果图的方法。

PS **5.3.1** 荔枝零食包装效果图设计

知 识 点： 荔枝零食包装效果图的设计，以及钢笔工具、加深工具、文字工具等的综合运用

尺寸规格： 210毫米×297毫米

源 文 件： 第5章/5.3.1

在线视频： 视频/第5章/5.3.1荔枝零食包装效果图设计.mp4

01 在菜单栏中选择"文件"→"新建"命令，新建一个宽为210毫米、高为297毫米、分辨率为150像素/英寸的文档，背景颜色设置为R：161、G：27、B：28，设置完成后单击"创建"按钮，如图5-107和图5-108所示。

图5-107

图5-108

02 在"图层"面板中先新建一个组，单击"创建新组"按钮，接着在组里新建一个图层，如图5-109所示。单击"矩形选框工具"，建立一个矩形选区，然后为其填充为白色，如图5-110所示。

图5-109

图5-110

03 单击"椭圆选框工具"，建立三个椭圆形选区，然后按Delete键删除选区内的颜色，如图5-111所示。新建一个图层，单击"钢笔工具"，在属性栏中选择"路径"，画出如图5-112所示的形状。

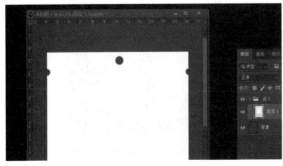

图5-111

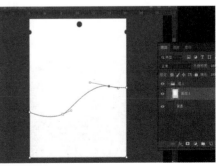

图5-112

04 运用"直接选择工具" 对画出的形状进行调整，调整好后右击，在弹出的快捷菜单中选择"建立选区"命令，填充颜色，如图5-113所示。运用同样的方法制作如图5-114所示的效果。

图5-113

图5-114

05 单击"加深工具" ，运用"加深工具"对包装图四周进行涂抹以完成加深处理，如图5-115所示。接着把荔枝的素材图片拖到合适的位置，如图5-116所示。

图5-115

图5-116

06 新建一个图层，单击"钢笔工具" ，在属性栏中选择"路径"，画出包装袋的侧面，如图5-117所示。右击，在弹出的快捷菜单中选择"建立选区"命令，接着单击"渐变工具" ，设置一个深红色到浅色的渐变颜色，取消选区后的效果如图5-118所示。

图5-117

图5-118

07 单击 "文字工具" T ，输入相关文字，如图5-119所示。再输入文字 "美味齐分享" ，然后在属性栏中单击 "创建文字变形" ，选择 "扇形" 并拖动 "弯曲" 的滑块，如图5-120所示。

图5-119　　　　　　　　　　　　图5-120

08 单击 "背景" 图层左边的 "图层可见性" 按钮 ，隐藏 "背景" 图层，再单击 "图层" 面板右上角的 按钮，选择 "合并可见图层" 命令，如图5-121所示。选择 "组1" 图层，按Ctrl+J组合键复制 "组1" 图层，然后按Ctrl+T组合键（自由变换），接着右击，在弹出的快捷菜单中选择 "垂直翻转" 命令，最后在 "自由变换" 的状态下选择 "变形" 命令，对其倒影位置进行调整，如图5-122所示。

图5-121　　　　　　　　　　　　图5-122

09 把复制的 "组1 拷贝" 图层拖动到 "组1" 图层下面，单击 "添加图层蒙版" 按钮 为 "组1 拷贝" 图层添加倒影效果，接着单击 "渐变工具" ，设置一个从黑色到白色的渐变，完成后的效果如图5-123所示。

10 新建一个图层用来做投影，单击 "椭圆选框工具" ，建立一个椭圆形选区，并填充为深红色，如图5-124和图5-125所示。

11 对投影进行模糊处理，在菜单栏中选择 "滤镜" → "模糊" → "高斯模糊" 命令，根据实际情况设置模糊数值，最终效果如图5-126所示。

图5-123

图5-124

图5-125

图5-126

Ps 5.3.2　糖果包装效果图设计

知识点：糖果包装效果图的设计，以及钢笔工具、路径、滤镜、加深工具、减淡工具、高斯模糊等工具的综合运用

尺寸规格：42厘米×24厘米

源 文 件：第5章/5.3.2

在线视频：视频/第5章/5.3.2糖果包装效果图设计.mp4

01 在菜单栏中选择"文件"→"新建"命令，新建一个宽为42厘米、高为24厘米、分辨率为150像素/英寸的文档，背景色设置为R：41、G：167、B：225，设置完成后单击"创建"按钮，如图5-127和图5-128所示。

图5-127

图5-128

02 在"图层"面板中新建一个组，再在该组中新建一个图层，接着单击"钢笔工具"![钢笔工具图标]，在属性栏中选择"路径"，画出如图5-129所示的形状。

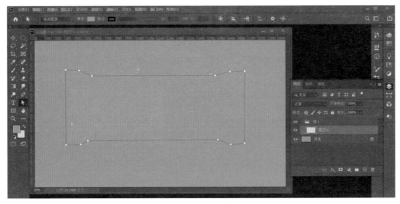

图5-129

03 右击，在弹出的快捷菜单中选择"建立选区"命令，在菜单栏中选择"编辑"→"填充"命令，将选区填充为白色，如图5-130所示。

图5-130

04 单击"矩形工具"![矩形工具图标]，在属性栏中选择"形状"，拉一个矩形用来辅助做波浪形状。在菜单栏中选择"滤镜"→"扭曲"→"波浪"命令，在弹出的对话框中单击"转换为智能对象"，效果如图5-131所示。

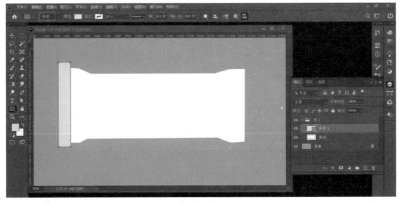

图5-131

05 在弹出的"波浪"对话框中对参数的数值进行调节，如图5-132所示，完成后单击"确定"按钮。

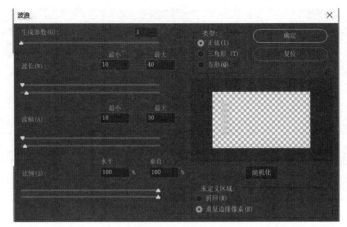

图5-132

06 按住Ctrl键的同时单击"矩形1"缩略图，会在黄色区域建立选区，如图5-133所示。

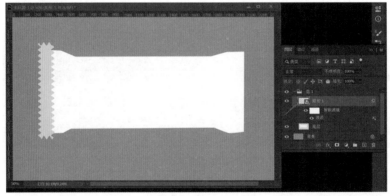

图5-133

07 单击"矩形1"图层左边的"图层可见性"按钮 👁，隐藏此图层，然后选择白色图层，按Delete键删除黄色部分，此时左边的波浪的轮廓就制作出来了，如图5-134所示。

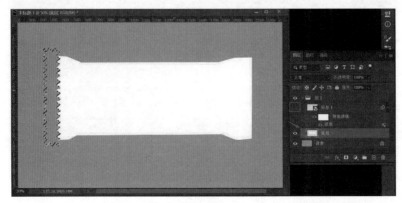

图5-134

08　单击"指示图层可见性"按钮，把隐藏的"矩形"图层显示出来，接着用同样的方法制作右边的波浪效果，如图5-135所示。

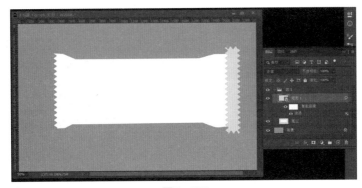

图5-135

09　在黄色形状图层上右击，在弹出的快捷菜单中选择"删除图层"命令，删除辅助图层，如图5-136所示。

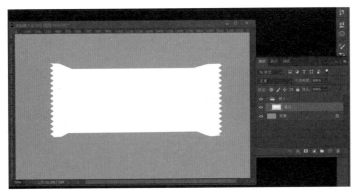

图5-136

10　按住Ctrl键的同时单击白色图层的缩略图，为白色部分建立选区。新建一个图层，填充为橙色，颜色值设置为R：239、G：139、B：0。再单击"钢笔工具"，在属性栏中选择"路径"，画出图5-137所示的形状，右击，在弹出的快捷菜单中选择"创建矢量蒙版"命令。

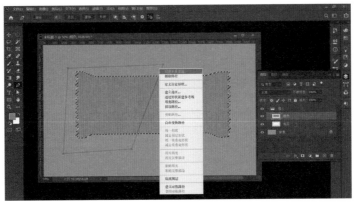

图5-137

11 "创建矢量蒙版"的作用是将选区内分区域的颜色遮挡住，遮挡后的效果如图5-138所示。

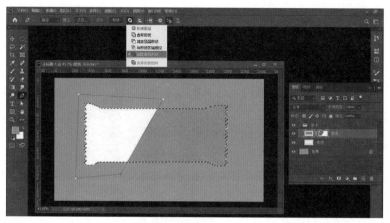

图5-138

12 选择白色部分图层，按住Ctrl键的同时单击白色部分图层的缩略图，为其建立选区。单击"矩形选框工具" 🔲，在属性栏中选择"与选区交叉" 🔳，建立一个矩形选区，如图5-139所示。

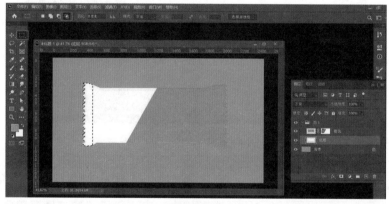

图5-139

13 在不取消选区的情况下，单击"加深工具" ⬤，对其进行加深处理，如图5-140所示。

14 继续对白色部分进行加深处理，如图5-141所示。

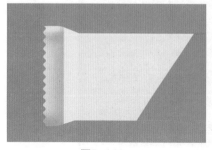

图5-140　　　　　　　　　　　　　图5-141

15 选择橙色图层，对橙色部分进行加深、减淡操作，如图5-142所示。

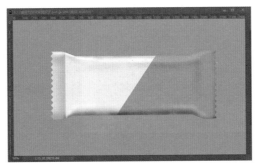

图5-142

16 新建一个图层用来做高光，单击"矩形选框工具"，建立一个矩形选区，然后填充为白色，如图5-143所示。

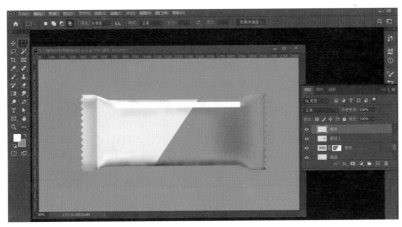

图5-143

17 对高光进行模糊处理，在菜单栏中选择"滤镜"→"模糊"→"高斯模糊"命令，效果如图5-144所示。

18 糖果包装的立体效果制作好后，拖入图片素材，按Ctrl+T组合键（自由变换），对图片的大小进行调整，再用加深、减淡工具对其暗部和亮面进行处理，效果如图5-145所示。

19 单击"文字工具"，输入文字并进行排版，糖果包装效果制作完成，如图5-146所示。

图5-144

图5-145

图5-146

20 制作投影效果，先单击蓝色"背景"图层左边的"图层可见性"按钮将其隐藏，接着单击"图层"面板右上角的按钮，选择"合并可见图层"命令，将"组1"中所有图层合并，如图5-147所示。

图5-147

21 单击蓝色"背景"图层左边的"图层可见性"按钮⚪将其显示出来，接着选择糖果图层，在菜单栏中选择"图层"→"图层样式"→"投影"命令，设置投影参数，如图5-148所示。

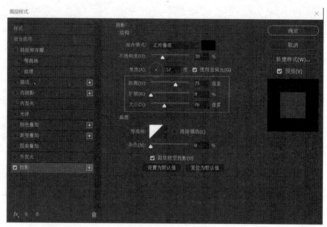

图5-148

投影效果添加完成后，最终效果如图5-149所示。

图5-149

5.4 字体设计类实例

本节主要讲解字体设计的应用，通过钢笔工具、路径、滤镜、套索工具、自由变换、渐变、剪贴蒙版等的综合运用制作特殊字体效果，介绍特殊字体的设计方法。

图 5.4.1 火焰字设计

知 识 点：钢笔工具、创建工作路径、滤镜、火焰的综合运用

尺寸规格：297毫米×160毫米

源 文 件：第5章/5.4.1

在线视频：视频/第5章/5.4.1火焰字设计.mp4

01 在菜单栏中选择"文件"→"新建"命令，新建一个宽为297毫米、高为160毫米、分辨率为150像素/英寸的文档，然后单击"创建"按钮，如图5-150所示。

02 将前景色设置为黑色，在菜单栏中选择"编辑"→"填充"命令，填充为黑色背景。单击"文字工具" **T**，在黑色的"背景"图层上输入文字PHOTOSHOP，如图5-151所示。

图5-150

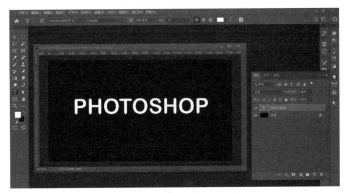

图5-151

03 在文字图层上右击，在弹出的快捷菜单中选择"创建工作路径"命令，如图5-152所示。

04 新建一个图层，将原来的文字图层拉到"删除图层"按钮 **🗑** 上，删除该图层，如图5-153所示。

图5-152

图5-153

05 选择新建的图层，然后在菜单栏中选择"滤镜"→"渲染"→"火焰"命令，为其添加滤镜效果，如图5-154所示。

06 选择"火焰"命令后会出现图5-155所示的警告，单击"确定"按钮。

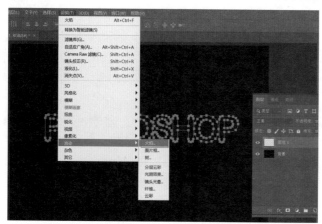

图5-154　　　　　　　　　　　　　　　　　　　图5-155

07 在弹出的"火焰"对话框中调整参数，如图5-156所示，也可以根据自己的需要调节相关参数。

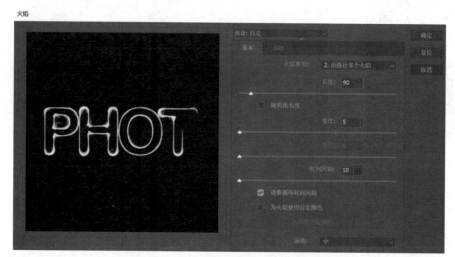

图5-156

08 调整完参数后，在工具栏中单击"钢笔工具" ⌀，再回到页面中右击，在弹出的快捷菜单中选择"删除路径"命令，如图5-157所示。

最终的火焰文字效果如图5-158所示。

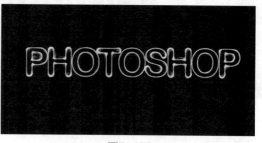

图5-157　　　　　　　　　　　　　图5-158

5.4.2　书法字设计

知 识 点：运用套索工具、自由变换、变形等制作书法字
尺寸规格：297毫米×160毫米
源 文 件：第5章/5.4.2
在线视频：视频/第5章/5.4.2书法字设计.mp4

01 在菜单栏中选择"文件"→"新建"命令，新建一个宽为297毫米、高为160毫米、分辨率为150像素/英寸的文档，然后单击"创建"按钮。单击"文字工具"■，输入文字，选择"方正舒体"，因为这种字体与毛笔字比较相近，效果如图5-159所示。

图5-159

02 导入毛笔字体素材，选择合适的笔画，单击"套索工具"■，圈中笔画，拖到文字图层上，接着按Ctrl+T组合键（自由变换），对其大小进行调整，再通过"旋转"调整好笔画的大小与位置，如图5-160所示。

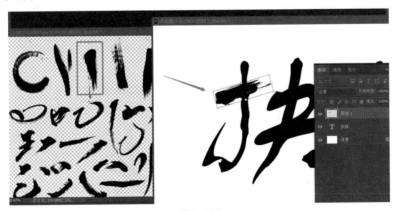

图5-160

03 从素材中选择毛笔笔画，再拖到文字图层上，如图5-161所示。

图5-161

04 按Ctrl+T组合键（自由变换），右击，在弹出的快捷菜单中选择"变形"命令，对笔画进行调整，如图5-162所示。

05 用上述方法拖入素材并进行调整，如图5-163所示。

图5-162

图5-163

06 用上述同样的方法操作并进行调整，如图5-164～图5-166所示。

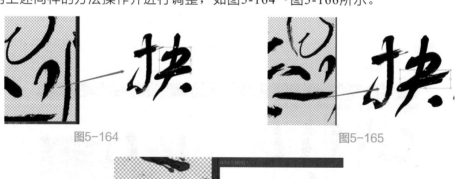

图5-164

图5-165

图5-166

07 用上述方法完成所有文字的调整，然后把原输入的文字删除，将字体图层拖到"删除图层" 🗑 按钮上，删除图层，如图5-167所示。

最终效果如图5-168所示。

图5-167   图5-168

Ps 5.4.3 带花字体设计

知 识 点：运用剪贴蒙版制作带花字体
尺寸规格：297毫米×160毫米
源 文 件：第5章/5.4.3
在线视频：视频/第5章/5.4.3带花字体设计.mp4

01 新建一个宽为297毫米、高为160毫米、分辨率为150像素/英寸的文档，单击"创建"按钮。单击"文字工具" T ，输入文字LOVE YOU，如图5-169所示。

图5-169

02 打开花素材，将其拖到字体图层上。按Ctrl+T组合键（自由变换），调整花的形状，将其覆盖在文字上，如图5-170所示。

图5-170

03 按Alt+Ctrl+G组合键创建"剪贴蒙版"，花素材与文字的形状将一致，如图5-171所示。

图5-171

04 选择文字图层，在菜单栏中选择"图层"→"图层样式"→"投影"命令，为文字加上投影，调整数值，如图5-172所示。

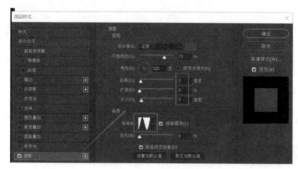

图5-172

最终效果如图5-173所示。

图5-173

PS 5.4.4 光滑字体设计

知 识 点：运用渐变工具、图层样式、描边、斜面和浮雕、投影等制作光滑字体
尺寸规格：297毫米×160毫米
源 文 件：第5章/5.4.4
在线视频：视频/第5章/5.4.4光滑字体设计.mp4

01 新建一个宽为297毫米、高为160毫米、分辨率为150像素/英寸的文档，单击"渐变工具"，设置线性渐变，如图5-174所示。

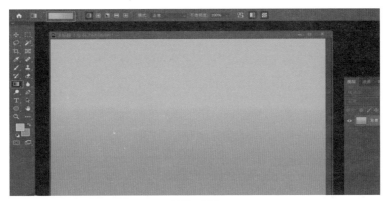

图5-174

02 单击"文字工具" ，输入文字，按Ctrl+J组合键复制一个图层，双击该图层将其命名为"底"，将其上面图层命名为"文字"，如图5-175所示。

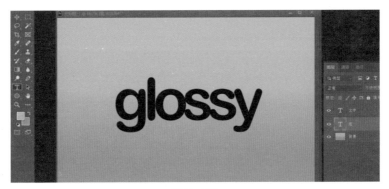

图5-175

03 选择"底"图层，接着在菜单栏中选择"图层"→"图层样式"→"描边"命令，数值设置如图5-176所示。

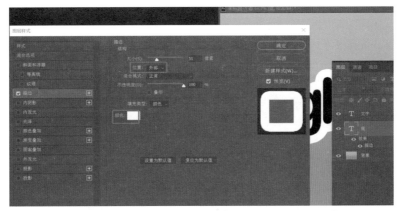

图5-176

04 分别选择"底"图层和"文字"图层，右击，在弹出的快捷菜单中选择"转换为智能对象"命令。继续选择"底"图层，在菜单栏中选择"图层"→"图层样式"→"斜面和浮雕"命令，调整数值，如图5-177所示。

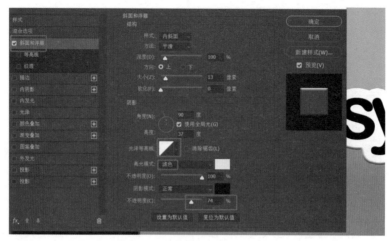

图5-177

05 为"底"图层添加内阴影，在菜单栏中选择"图层"→"图层样式"→"内阴影"命令，调整数值，如图5-178所示。

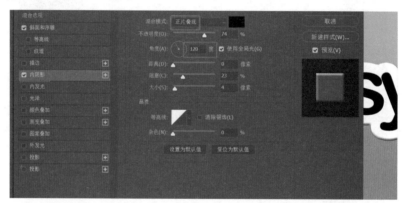

图5-178

06 为"底"图层添加投影，在菜单栏中选择"图层"→"图层样式"→"投影"命令，调整数值，如图5-179所示。对"底"图层调整完成后，效果如图5-180所示。

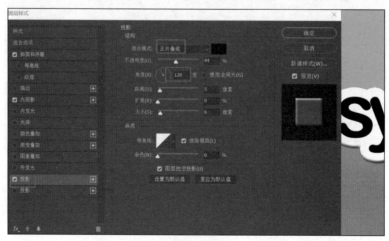

图5-179

图5-180

07 对"文字"图层进行调整，选择"文字"图层，在菜单栏中选择"图层"→"图层样式"→"斜面和浮雕"命令，调整数值，如图5-181所示。

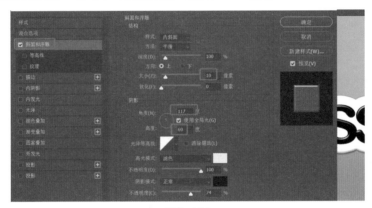

图5-181

08 继续选择"文字"图层，在菜单栏中选择"图层"→"图层样式"→"内阴影"命令，调整数值，如图5-182所示。

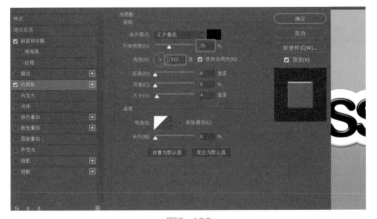

图5-182

09 继续选择"文字"图层，在菜单栏中选择"图层"→"图层样式"→"颜色叠加"命令，选择黄色，如图5-183所示。

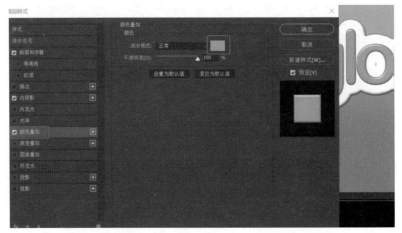

图5-183

最终效果如图5-184所示。

图5-184

 PS 5.4.5 字体褶皱起伏设计

知 识 点：文字随衣物褶皱起伏效果的制作，以及通道、图层样式等的综合运用

源 文 件：第5章/5.4.5

在线视频：视频/第5章/5.4.5字体褶皱起伏设计.mp4

01 打开Photoshop，在菜单栏中选择"文件"→"打开"命令，打开素材图片，如图5-185所示。

图5-185

02 单击"通道"面板，选择对比最强烈的"蓝"通道并复制，将复制的通道命名为"褶皱"通道，然后通过"存储为"命令，将命名为"褶皱"的PSD文件保存，置换文件就制作成功了，如图5-186和图5-187所示。

图5-186

图5-187

03 重新打开背景文件，单击"文字工具" ，输入文字"海阔天空"，调整字体的颜色、大小，然后选择文字图层，右击，在弹出的快捷菜单中选择"栅格化文字"命令，如图5-188和图5-189所示。

图5-188

图5-189

04 在菜单栏中选择"滤镜"→"扭曲"→"置换"命令，在弹出的对话框中单击"确定"按钮，如图5-190和图5-191所示。选择刚保存的"褶皱"文件，单击"打开"按钮。

图 5-190

图 5-191

05 选择"背景"图层，按Ctrl+J组合键复制该图层，将"背景 拷贝"图层拖到"海阔天空"字体图层上面。选择"背景 拷贝"图层，在菜单栏中选择"图层"→"图层样式"→"混合选项"命令，将混合模式设置为"明度"，设置混合颜色带为"蓝"，如图5-192和图5-193所示。

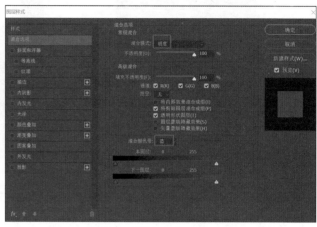

图5-192   图5-193

06 选择文字图层，按Ctrl+J组合键复制"海阔天空"文字图层，将其拖到"背景 拷贝"图层上面，然后选择"海阔天空 拷贝"图层，在"图层样式"对话框中设置混合模式为"叠加"，如图5-194和图5-195所示。

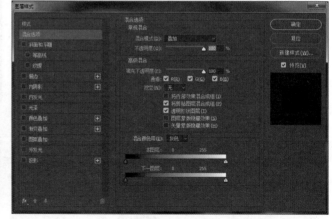

图5-194   图5-195

07 按Ctrl+J组合键，复制"海阔天空 拷贝2"图层，设置混合模式为"叠加"，并对不透明度做适当的调整，使字体显得更加真实，如图5-196所示。

最终效果如图5-197所示。

图5-196

图5-197

第6章
电商设计实例

本章主要介绍Photoshop在电商中的应用，使读者了解目前常用于手机端和PC端的电商海报广告设计方法，掌握基本工具的运用。

6.1 手机端电商海报设计

本节主要通过讲解Photoshop应用于手机端的电商海报设计实例，介绍手机端海报常用规格、工具运用和设计排版方法。

Ps 6.1.1 润肤液电商海报设计

知 识 点：润肤液电商海报设计，以及钢笔工具、正片叠底、文字排版等工具的综合运用
尺寸规格：790像素×400像素
源 文 件：第6章/6.1.1
在线视频：视频/第6章/6.1.1润肤液电商海报设计.mp4

01 打开Photoshop，新建一个宽为790像素、高为400像素、分辨率为150像素/英寸的文档。打开人物素材和化妆品素材，单击"移动工具" ，将素材拖到空白文档中，如图6-1和图6-2所示。

图6-1 　　　　　　　　　　　　　　　　图6-2

02 新建一个图层，单击工具栏中的"钢笔工具" ，在属性栏中选择"路径"，画出如图6-3所示的形状。右击，在弹出的快捷菜单中选择"建立选区"命令，如图6-4所示。

图6-3   图6-4

03 在菜单栏中选择"编辑"→"填充"命令,将选区填充为蓝色,颜色值设置为R:72、G:157、B:183,如图6-5所示。在"图层"面板上将"化妆品"图层拖到"蓝色"图层上面,然后在图层类型里面选择"正片叠底","不透明度"改为35%,如图6-6所示。

图6-5   图6-6

04 新建一个图层,在工具栏中单击"矩形选框工具" ,建立一个矩形选区,接着在菜单栏中选择"编辑"→"描边"命令,"宽度"设置为5像素,"颜色"为白色,单击"确定"按钮,再按Ctrl+D组合键取消选区,白边框绘制完成,如图6-7和图6-8所示。

图6-7   图6-8

05 单击工具栏中的"文字工具" ,输入文字。第一排文字设置为"幼圆字体",大小为24;第二排文字设置为"黑体",大小为12,第三排文字设置为"华文中宋",大小为9,如图6-9所示。

06 用同样的方法输入余下文字,最终效果如图6-10所示。

图6-9

图6-10

PS 6.1.2 指甲油电商海报设计

知 识 点：指甲油电商海报设计，以及矩形选框工具、钢笔工具、描边路径等工具的综合运用
尺寸规格：790像素×950像素
源 文 件：第6章/6.1.2
在线视频：视频/第6章/6.1.2指甲油电商海报设计.mp4

01 打开Photoshop，新建一个宽为790像素、高为950像素、分辨率为150像素/英寸的文档，背景色设置为蓝色，颜色值设置为R：168、G：204、B：218，如图6-11所示。

图6-11

02 新建一个图层，将人物素材拖入蓝色背景文档中，如图6-12所示。在"图层"面板中新建一个图层，再单击工具栏中的"矩形选框工具" ，建立一个矩形选框，在菜单栏中选择"编辑"→"填充"命令，为选区填充为白色，如图6-13所示。

图6-12

图6-13

03 单击工具栏中的"文字工具" ，输入文字，"大小"设置为50，在拾色器中将颜色值设置为R：85、G：139、B：160，如图6-14所示。新建一个图层，单击"矩形选框工具" ，建立一个矩形选区，在菜单栏中选择"编辑"→"描边"命令，"宽度"设置为2像素，颜色值设置为R：245、G：176、B：184，然后单击"确定"按钮。最后按Ctrl+D组合键取消选区，完成粉色边框的绘制，如图6-15所示。

图6-14

图6-15

04 首先新建一个图层，单击"矩形选框工具" ，建立一个矩形选区，按Shift+F5组合键将选区填充为粉色，颜色值设置为R：245、G：176、B：184，最后按Ctrl+D组合键取消选区，如图6-16所示。用步骤（3）的方法输入文字，如图6-17所示。

图6-16

图6-17

05 单击工具栏中的"铅笔工具" ，设置"大小"为2像素，用来描边，如图6-18所示。新建一个图层，单击"钢笔工具" ，在属性栏中选择"路径"，画折线，再右击，在弹出的快捷菜单中选择"描边路径"命令，描边完成后再右击，在弹出的快捷菜单中选择"删除路径"命令，如图6-19所示。

图6-18

图6-19

06 画折线上的装饰圆，单击"椭圆选框工具" 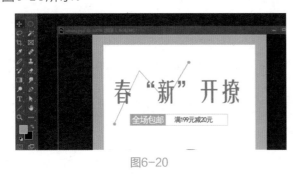，画两个圆，将其填充为粉色，放到折线的首尾处，如图6-20所示。再用前面的方法输入文字，并放到合适的位置，如图6-21所示。

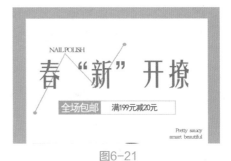

图6-20　　　　　　　　　　　　　　　图6-21

最终效果如图6-22所示。

图6-22

6.2　PC端电商海报设计

本节主要讲解Photoshop应用于PC端的电商海报设计实例，介绍PC端海报常用规格、工具运用和设计排版方法。

6.2.1　波尔卡风格电商海报设计

知 识 点：波尔卡风格电商海报设计，以及通道、像素化、渐变映射等工具的综合运用
源 文 件：第6章/6.2.1
在线视频：视频/第6章/6.2.1波尔卡风格电商海报设计.mp4

01 打开人物素材，在工具栏中单击"快速选择工具" ，单击粉红色背景建立选区，如图6-23所示。在菜单栏中选择"选择"→"反选"命令，选择人物部分作为选区，分别按Ctrl+C组合键（复制）和Ctrl+V组合键（粘贴），复制图层，如图6-24所示。

图6-23

图6-24

02 在"图层"面板中选择"背景"图层，在菜单栏中选择"编辑"→"填充"命令，填充颜色的数值为R：85、G：181、B：190，为人物填充蓝色背景，如图6-25所示。

图6-25

03 打开"通道"面板，如图6-26所示。按住Ctrl键的同时在"红"通道缩略图上单击，显示选区，如图6-27所示。因为人物脸色偏红，所以为其做颜色的调整。

图6-26

图6-27

04 单击"图层"面板，在"图层1"图层上新建一个图层，填充颜色的数值为R：227、G：229、B：68，在图层混合模式中选择"颜色加深"，"不透明度"设置为30%，效果如图6-28所示。

图6-28

05 在"图层"面板中单击人物图层，在菜单栏中选择"滤镜"→"像素化"→"彩色半调"命令，最大半径值设置为8像素，单击"确定"按钮，如图6-29和图6-30所示。

图6-29　　　　　　　　　　　　　　　　图6-30

06 在"图层"面板中按住Ctrl键的同时单击人物图层，如图6-31所示。

图6-31

07 单击"图层"面板中的"创建新的填充或调整图层"按钮，选择"渐变映射"命令，如图6-32所示。通过"属性"面板修改"渐变映射"图层的渐变颜色，这里选择第6个预设的渐变方案自带的默认渐变配色，如图6-33所示。

图6-32　　　　　　　　　　　　　　　　图6-33

08 在"图层"面板中将渐变色的"不透明度"设置为65%，完成后如图6-34所示。用"文字工具"添加文字，如图6-35所示。

图6-34　　　　　　　　　　　　　　　　图6-35

09 添加线段装饰，单击工具栏中的"钢笔工具" ，在属性栏中选择"形状"，"填充"选择"无颜色"，"描边"为10像素，颜色为白色。在背景层上新建一个图层，画出装饰线，如图6-36所示。

最终效果如图6-37所示。

图6-36

图6-37

6.2.2 化妆品瓶子广告海报设计

> 知 识 点：化妆品瓶子广告海报设计，以及渐变工具、画笔工具、描边路径、高斯模糊、外发光等的综合运用
> 尺寸规格：23厘米×12厘米
> 源 文 件：第6章/6.2.2
> 在线视频：视频/第6章/6.2.2化妆品瓶子广告海报设计.mp4

01 打开Photoshop，在菜单栏中选择"文件"→"新建"命令，新建一个宽为23厘米、高为12厘米、分辨率为300像素/英寸的文档。单击"渐变工具"，选择"径向渐变" ，设置渐变效果，如图6-38所示。

02 单击工具栏中的"快速选择工具" ，选择瓶子素材，使用"移动工具" 将其拖到背景图中，如图6-39所示。

图6-38

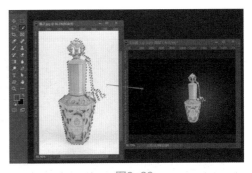

图6-39

03 选择"瓶子"图层，在按住Ctrl键的同时单击其缩略图会出现选区。新建一个图层用来做瓶子的环境色，在选区内用"画笔工具" 在瓶子周围涂抹，如图6-40所示。

04 在图层样式中选择"柔光"，瓶子周围呈现与背景相近的环境色，如图6-41所示。

按住Shift键，分别单击"瓶子"图层和"瓶子环境色"图层，让其同时被选择，接着右击，在弹出的快捷菜单中选择"合并图层"命令，让"瓶子"与"瓶子环境色"合并为一个图层。

图6-40 　　　　　　　　　　　　　　　　　图6-41

05 新建一个图层，单击"椭圆工具" ⬭，在属性栏中选择"路径"，按住Shift键画一个圆形，并放置到合适的位置，如图6-42所示。

06 单击"直接选择工具" ▶，单击圆形右边的点，按Delete键删除右边的路径，如图6-43所示。

图6-42 　　　　　　　　　　　　　　　　　图6-43

07 在调色板中选好颜色，右击，在弹出的快捷菜单中选择"描边路径"命令，效果如图6-44所示。

08 在"图层"面板中单击"添加图层蒙版"按钮 ◻，为上一步中的图层添加蒙版。使用"画笔工具"，用黑色涂抹余下的圆形，两端出现若隐若现的效果，如图6-45所示。

图6-44 　　　　　　　　　　　　　　　　　图6-45

09 在上一步图层的基础上做亮图层效果，先按Ctrl+D组合键复制一个新图层，再按住Ctrl键的同时单击图6-45中标注的图层，让其显示出选区，然后在菜单栏中选择"选择"→"修改"→"收缩"命令，将选区收缩25像素。新建一个图层，将选区填充为黄色，同时使用蒙版，并将不透明度降低为57%，按Ctrl+D组合键取消选区，效果如图6-46所示。

10 新建一个图层，单击"钢笔工具" ✐ ，画出图6-47所示的形状。

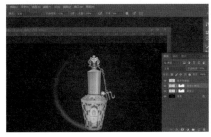

图6-46　　　　　　　　　　　　　　　　　图6-47

11 右击，在弹出的快捷菜单中选择"建立选区"命令，将选区填充为白色，按Ctrl+D组合键取消选区，接着在菜单栏中选择"滤镜"→"模糊"→"高斯模糊"命令，再将"不透明度"调整为49%，效果如图6-48所示。

12 使用上述同样的方法制作其他光影效果，如图6-49所示。

图6-48　　　　　　　　　　　　　　　　　图6-49

13 新建一个图层，单击"椭圆工具" ◯ ，在属性栏中选择"路径"，按住Shift键画一个圆形，如图6-50所示。单击"画笔工具" ✐ ，调节画笔参数，如图6-51所示。

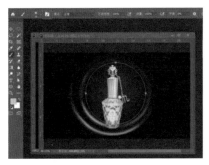
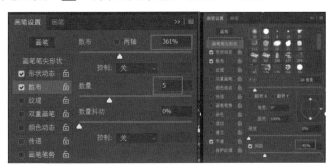

图6-50　　　　　　　　　　　　　　　　　图6-51

14 参数调整完成后，单击"直接选择工具" ▸ ，右击，在弹出的快捷菜单中选择"描边路径"命令，效果如图6-52所示。

15 按Ctrl+T组合键（自由变换），右击，在弹出的快捷菜单中选择"旋转"命令，调整圆形位置，效果如图6-53所示。

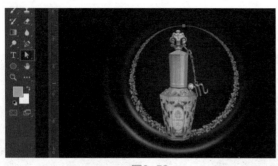

图6-52

图6-53

16 新建一个图层，单击"画笔工具"，笔尖形状选择"喷溅"效果，"大小"为44像素，"间距"为39%，如图6-54所示，用此画笔在背景上涂抹黄色，使其展现出黄色散开的效果。

17 单击工具栏中的"椭圆选框工具"，建立一个圆形选区，为其填充颜色为黄色，然后取消选区。在菜单栏中选择"滤镜"→"模糊"→"高斯模糊"命令，效果如图6-55所示。

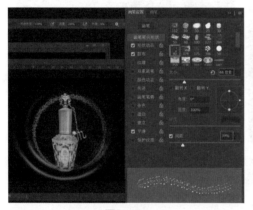

图6-54

图6-55

18 画出黄色的透明气泡效果。新建一个图层，单击"椭圆选框工具"，按住Shift键建立一个圆形选区，单击"渐变工具"按钮，选择浅黄色到透明色的渐变，效果如图6-56所示。

19 单击"橡皮擦工具"，把气泡中心区域擦掉。单击"减淡工具"，把气泡边缘区域减淡，让其更加具有球体的体积感，效果如图6-57所示。

20 用同样的方法制作其他气泡，效果如图6-58所示。

21 单击工具栏中的"画笔工具"，画一个白色图形，然后用"涂抹工具"对其进行涂抹，接着在菜单栏中选择"滤镜"→"模糊"→"高斯模糊"命令，效果如图6-59所示。

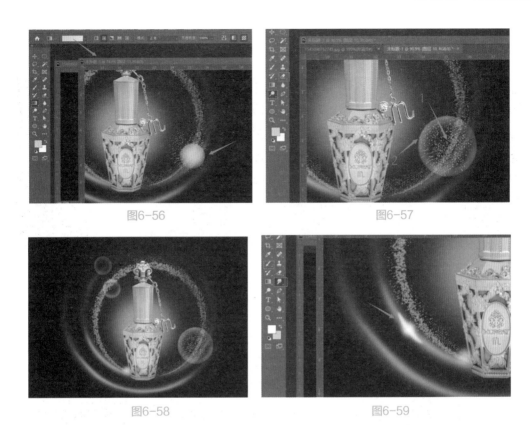

图6-56

图6-57

图6-58

图6-59

22 添加闪光效果。在菜单栏中选择"图层"→"图层样式"→"外发光"命令，数值调节如图6-60所示。

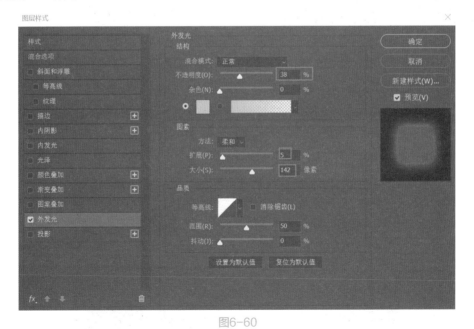

图6-60

23 用同样的方法再制作几个闪光效果，如图6-61所示。

24 为瓶子添加投影效果，选择"瓶子"图层，按Ctrl+J组合键复制一个图层。按

Ctrl+T组合键（自由变换），右击，在弹出的快捷菜单中选择"垂直翻转"命令，翻转后再选择"变形"，调整投影形状，效果如图6-62所示。

图6-61

图6-62

25 为投影图层添加一个蒙版，在"图层"面板中单击"添加蒙版"按钮 ，再单击"渐变工具" ，设置一个由白色到黑色的渐变，投影效果如图6-63所示。

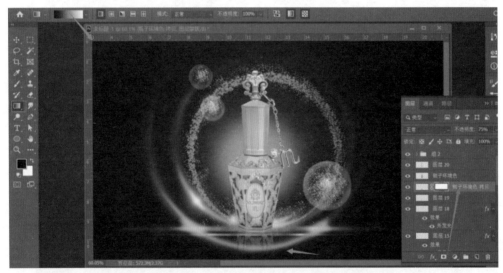
图6-63

最终效果如图6-64所示。

图6-64

第7章
UI 设计实例

本章主要介绍Photoshop在UI设计中的应用，使读者了解UI设计规范、尺寸、图标等，掌握UI设计的基础知识和绘制方法。

7.1 UI设计常用尺寸规范

本节主要讲解UI设计的常用尺寸规范及UI设计的基础知识，帮助读者理解UI概念，为进行UI设计奠定基础。

7.1.1 iOS 设计尺寸规范

iOS界面尺寸如表7-1所示，效果图如图7-1所示。

表7-1

设备	分辨率/px	逻辑分辨率/px	Asset	尺寸/in	PPI	状态栏高度/px	导航栏高度/px	标签栏高度/px
iPhone XS Max，11 Pro Max	1242×2688	414×896	@3x	6.5	458			
iPhone XR，11	828×1792	414×896	@2x	6.1	326			
iPhone X，XS，11 Pro	1125×2436	375×812	@3x	5.8	458	132	132	147
iPhone 6+，6s+，7+，8+	1242×2208	414×736	@3x	5.5	401	60	132	147
iPhone 6，6s，7，8	750×1334	375×667	@2x	4.7	326	40	88	98
iPhone 5，5s，5c，SE	640×1136	320×568	@2x	4.0	326	40	88	98
iPhone 4，4s	640×960	320×480	@2x	3.5	326	40	88	98
iPhone 2G，3G，3GS	320×480	320×480	@1x	3.5	163	20	44	49
iPad Pro 12.9	2048×2732	1024×1366	@2x	12.9	264	40	88	90
iPad Pro 10.5	1668×2224	834×1112	@2x	10.5	264	40	88	90

续表

设备	分辨率/px	逻辑分辨率/px	Asset	尺寸/in	PPI	状态栏高度/px	导航栏高度/px	标签栏高度/px
iPad Pro，iPad Air 2，Retina	1536×2048	768×1024	@2x	9.7	401	40	88	90
iPad Mini 2/3/4	1536×2048	768×1024	@2x	7.9	326	40	88	90
iPad 1/2	768×1024	768×1024	@1x	9.7	132	20	44	49

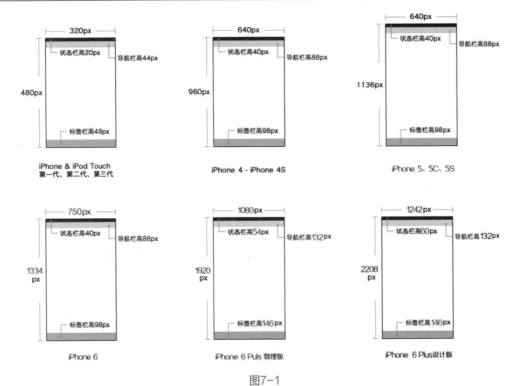

图7-1

iOS产品图标尺寸如表7-2所示，效果图如图7-2所示。

表7-2   单位：px

设备	App Store	程序应用	主屏幕	Spotlight 搜索	标签栏	工具栏和导航栏
iPhone 6 Plus（@3x）	1024×1024	180×180	114×114	87×87	75×75	66×66
iPhone 6 （@2x）	1024×1024	120×120	114×114	58×58	75×75	44×44
iPhone 5-5C-5S（@2x）	1024×1024	120×120	114×114	58×58	75×75	44×44
iPhone 4-4S （@2x）	1024×1024	120×120	114×114	58×58	75×75	44×44
iPhone & iPod Touch第一代、第二代、第三代	1024×1024	120×120	57×57	29×29	38×38	30×30

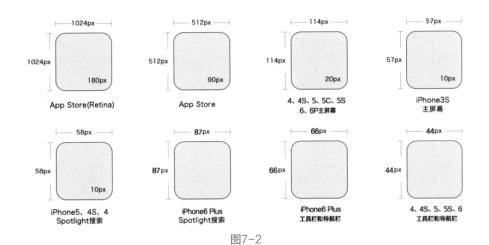

图7-2

iPad的设计尺寸如表7-3所示，效果图如图7-3所示。

表7-3

设备	尺寸/px	分辨率/ppi	状态栏高度/px	导航栏高度/px	标签栏高度/px
iPad 3-4-5-6-Air-Air2-mini2	2048×1536	264	40	88	98
iPad 1-2	1024×768	132	20	44	49
iPad Mini	1024×768	163	20	44	49

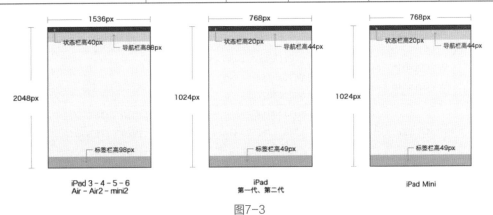

图7-3

iPad图标尺寸如表7-4所示，效果图如图7-4所示。

表7-4　　　　　　　　　　　　　　　　　　　　　　　　　　　　　　单位：px

设备	App Store	程序应用	主屏幕	Spotlight搜索	标签栏	工具栏和导航栏
iPad 3-4-5-6-Air-Air2-mini2	1024×1024	180×180	144×144	100×100	50×50	44×44
iPad 1-2	1024×1024	90×90	72×72	50×50	25×25	22×22
iPad Mini	1024×1024	90×90	72×72	50×50	25×25	22×22

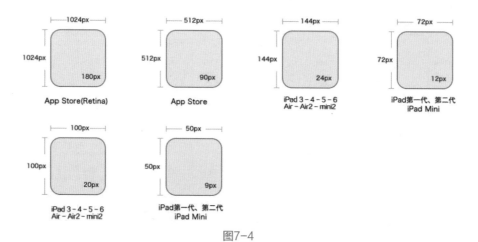

图7-4

7.1.2 Android 设计尺寸规范

Android SDK模拟器的尺寸如表7-5所示。

表7-5

屏幕大小	低密度（120）	中等密度（160）	高密度（240）	超高密度（320）
小屏幕	QVGA（240×320）		480×640	
普通屏幕	WQVGA400（240×400） WQVGA432（240×432）	HVGA（320×480）	WVGA800（480×800） WVGA854（480×854） 600×1024	640×960
大屏幕	WVGA800*（480×800） WVGA854*（480×854）	WVGA800*（480×800） WVGA854*（480×854） 600×1024		
超大屏幕	1024×600	1024×768 1280×768WXGA （1280×800）	1536×1152 1920×1152 1920×1200	2048×1536 2560×1600

Android的图标尺寸如表7-6所示。

表7-6

屏幕大小/px	启动图标	操作栏 图标/px	上下文 图标/px	系统通知图标 （白色）/px	最细笔画
320×480	48×48 px	32×32	16×16	24×24	不小于2 px
480×800 480×854 540×960	72×72 px	48×48	24×24	36×36	不小于3 px
720×1280	48×48 dp	32×32	16×16	24×24	不小于2 dp
1080×1920	144×144 px	96×96	48×48	72×72	不小于6 px

Android dp/sp/px换算表如表7-7所示。

表7-7

名称	分辨率	比率（针对320px）	比率（针对640px）	比率（针对750px）
idpi	240×320	0.75	0.375	0.32
mdpi	320×480	1	0.5	0.4267
hdpi	480×800	1.5	0.75	0.64
xhdpi	720×1280	2.25	1.125	1.042
xxhdpi	1080×1920	3.375	1.6875	1.5

7.2 图标设计实例

本节主要介绍Photoshop进行图标设计的实例，使读者了解钢笔工具、矩形工具、形状、渐变、投影、滤镜等的综合运用方法，熟练掌握扁平化和拟物化图标设计的绘制方法。

7.2.1 闹钟图标的制作

知 识 点：闹钟图标设计，圆角矩形工具、形状、渐变叠加、外发光的综合运用，以及扁平化UI图标的绘制
尺寸规格：240毫米×170毫米
源 文 件：第7章/7.2.1
在线视频：视频/第7章/7.2.1闹钟图标制作.mp4

01 新建一个宽为240毫米、高为170毫米、分辨率为150像素/英寸的文档。单击工具栏中的"圆角矩形工具" ▢，在属性栏中选择"形状"，画出一个圆角矩形，参数值设置宽为766像素、高为766像素、圆角为250像素，颜色值设置为R：4、G：1、B：1，在矩形图层上右击，在弹出的快捷菜单中选择"删格化图层"命令，如图7-8所示。

图7-8

02 在菜单栏中选择"图层"→"图层样式"→"渐变叠加"命令，颜色值分别设置为 R：69、G：67、B：67和R：4、G：1、B：1，如图7-9所示。

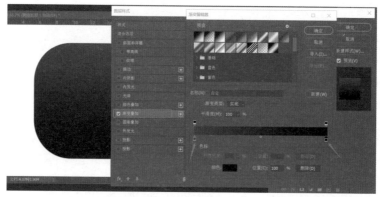

图7-9

03 单击工具栏中的"椭圆工具" ，按住Shift键画一个宽为500像素、高为500像素 的圆，颜色值设置为R：49、G：41、B：53，如图7-10所示。

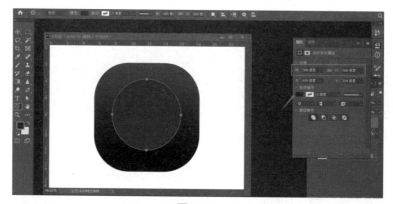

图7-10

04 在菜单栏中选择"图层"→"图层样式"→"渐变叠加"命令，单击渐变条，在弹 出的"渐变编辑器"窗口中拖动滑动，依次将滑块的颜色值设置为R：49、G：41、B： 53；R：182、G：120、B：59；R：49、G：41、B：53。单击"确定"按钮，继续设 置样式为"角度"，如图7-11和图7-12所示。

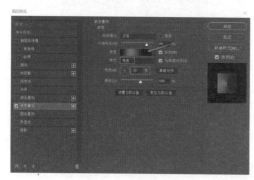

图7-11

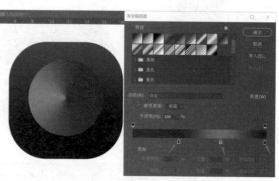

图7-12

05 用上述方法画出一个圆形，参数值设置宽为450像素、高为450像素，颜色值设置为R：27、G：27、B：27，如图7-13所示。

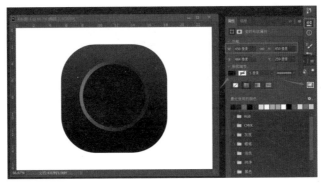

图7-13

06 单击"椭圆工具" ⬤ 画一个圆形，颜色值设置为R：214、G：138、B：69，在菜单栏中选择"图层"→"图层样式"→"外发光"命令，"混合模式"选择"滤色"，"扩展"为55%、"大小"为46像素，如图7-14所示。

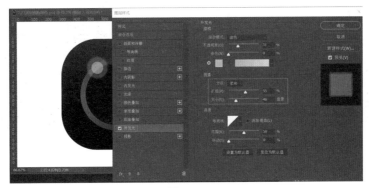

图7-14

07 单击"钢笔工具" ✎，选择"形状"，设置描边"大小"为25像素，"颜色"为白色，并设置形状描边类型，在断点栏中选择结束点为圆束，画一条白色线段，位置如图7-15所示。

08 绘制两条白色线段，最终效果如图7-16所示。

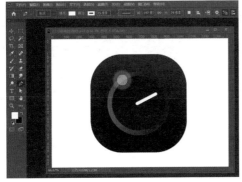

图7-15

图7-16

PS 7.2.2 邮件图标的制作

知 识 点：邮件图标设计，圆角矩形工具、形状、渐变叠加、钢笔工具、投影的综合运用，以及扁平化UI图标的绘制

尺寸规格：240毫米×170毫米

源 文 件：第7章/7.2.2

在线视频：视频/第7章/7.2.2邮件图标的制作.mp4

01 新建一个宽为240毫米、高为170毫米、分辨率为150像素/英寸的文档。单击"圆角矩形工具" ，在属性栏中选择"形状"，画一个圆角矩形，参数值设置宽为766像素、高为766像素，圆角为250像素，颜色值设置为R：164、G：0、B：0，在矩形图层上右击，在弹出的快捷菜单中选择"删格化图层"命令，如图7-17所示。

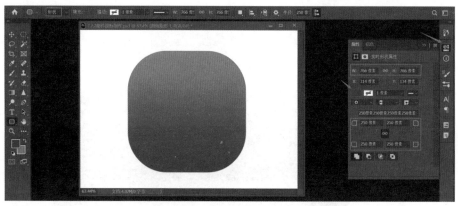

图7-17

02 在菜单栏中选择"图层"→"图层样式"→"渐变叠加"命令，如图7-18所示。在弹出的"图层样式"对话框中单击渐变条，在弹出的面板上拖动色标滑块，依次将小方块颜色值设置为R：248、G：133、B：133和R：164、G：0、B：0，渐变样式为"线性"，如图7-19所示。

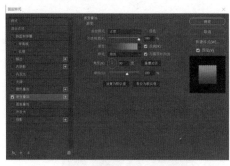

图7-18

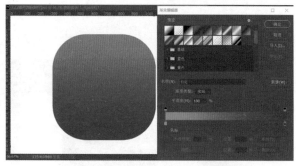

图7-19

03 单击"圆角矩形工具" ，在属性栏中选择"形状"，画一个圆角矩形，参数值设置宽为540像素、高为480像素、圆角为50像素，颜色值设置为R：241、G：225、B：202，如图7-20所示。

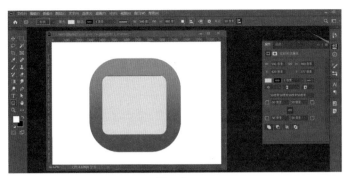

图7-20

04 在工具栏中单击"钢笔工具" ，在属性栏上选择"形状"，设置填充颜色为R：251、G：242、B：228，画一个倒三角形，并结合"直接选择工具" 对其形态进行调节，调节完成后如图7-21所示。

05 为倒三角形添加阴影，在菜单栏中选择"图层"→"图层样式"→"投影"命令，投影颜色设置为R：222、G：155、B：77，调整参数值，"距离"为16像素，"扩展"为10%，"大小"为43，如图7-22所示。

图7-21

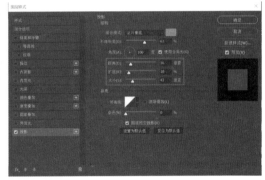

图7-22

06 将"形状1"图层拖到"创建新图层"按钮上，复制生成一个新的三角形图层，在复制的图层上按Ctrl+T组合键（自由变换），接着右击，在弹出的快捷菜单中选择"垂直翻转"命令，再将其对齐到信封下方的位置，如图7-23所示。

最终效果如图7-24所示。

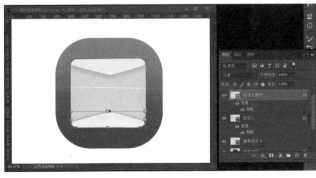

图7-23

图7-24

7.2.3 半透明按钮的制作

知 识 点：半透明按钮的制作，圆角矩形工具、形状、内发光、滤色、投影的综合运用，以及拟物化UI图标的绘制

尺寸规格：1024像素×1024像素

源 文 件：第7章/7.2.3

在线视频：视频/第7章/7.2.3半透明按钮的制作.mp4

01 打开Photoshop，新建一个宽为1024像素、高为1024像素、分辨率为150像素/英寸的文档，背景内容的颜色值设置为R：218、G：87、B：255，如图7-25所示。

图7-25

02 单击"圆角矩形工具" ▢，在属性栏中选择"形状"，填充颜色数值为R：192、G：29、B：217，"描边"选择无颜色，画一个圆角矩形，宽为570像素、高为140 像素、"圆角"为60像素，如图7-26所示。

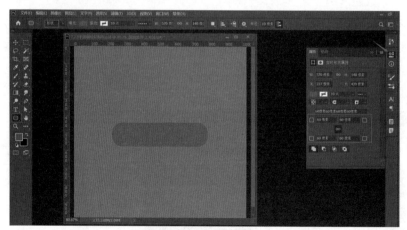

图7-26

03 为圆角矩形图层添加内发光效果。在菜单栏中选择"图层"→"图层样式"→"内发光"命令，在"内发光"面板中选择浅紫色，不透明度调节到100%，这一步的主要

目的是增强按钮的立体空间感，如图7-27所示。

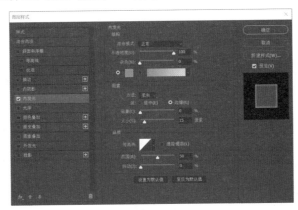

图7-27

04 选择"形状"→"图层"→"图层样式"→"投影"命令，将混合模式的颜色改为深紫色，"距离"为22像素，"扩展"为0%，"大小"为98像素，如图7-28所示。

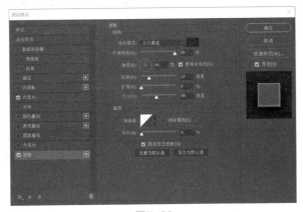

图7-28

05 在"图层"面板中新建一个图层用来制作高光，在工具栏中单击"圆角矩形工具" 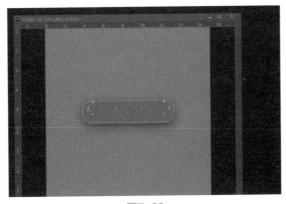，在属性栏中选择"路径"，画一个比已有圆角矩形小的圆角矩形，如图7-29所示。

图7-29

06 在新建的圆角矩形上右击，在弹出的快捷菜单中选择"建立选区"命令，接着在工具栏中单击"渐变工具" ▣，在"渐变编辑器"中选择"前景色到透明渐变"选项，在选区里面设置渐变，如图7-30所示。

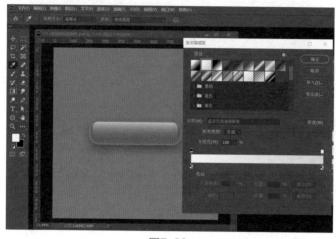

图7-30

07 在"图层"面板中新建一个图层用来制作反光效果，在工具栏中单击"画笔工具" ✐，选择"柔边圆"，前景色选择亮白紫色，用画笔单击暗部，效果如图7-31所示。

08 选择反光图层，在菜单栏中选择"编辑"→"自由变换"命令，对反光的大小进行调节，在图层混合模式里面选择"滤色"，让其过渡更自然，如图7-32所示。

图7-31

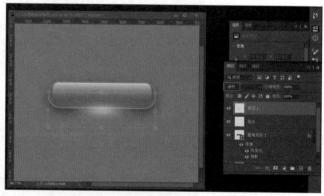

图7-32

最终效果如图7-33所示。

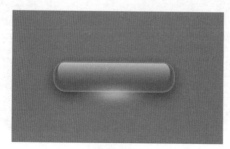

图7-33

7.2.4 水晶按钮的制作

知 识 点：水晶按钮的制作，椭圆工具、选区交叉、收缩、渐变填充、投影等工具的综合运用，以及拟物化UI图标的绘制
尺寸规格：240毫米×240毫米
源 文 件：第7章/7.2.4
在线视频：视频/第7章/7.2.4水晶按钮的制作. mp4

01 打开Photoshop，新建一个宽为240毫米、高为240毫米、分辨率为150像素/英寸的文档，背景色颜色设置为R：252、G：145、B：173，如图7-34所示。

02 在"图层"面板中新建一个图层，单击工具栏中的"矩形选框工具" ▣，建立一个矩形选区，在菜单栏中选择"编辑"→"填充"命令，填充颜色值为R：230、G：93、B：126，如图7-35所示。

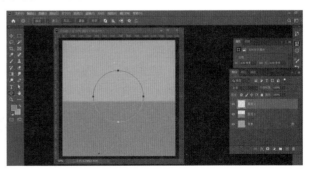

图7-34　　　　　　　　　　　　　　　　图7-35

03 按Ctrl+D组合键取消选区，在菜单栏中选择"滤镜"→"模糊"→"高斯模糊"命令，模糊的半径为7像素，如图7-36所示。

04 在"图层"面板中新建一个图层，单击工具栏中的"椭圆工具" ◉，在属性栏中选择"路径"，按住Shift键的同时画一个圆形，如图7-37所示。

图7-36　　　　　　　　　　　　　　　　图7-37

05 画出圆形以后，右击，在弹出的快捷菜单中选择"建立选区"命令，将前景色颜色值设为R：239、G：43、B：90，接着在菜单栏中选择"编辑"→"填充"命令，填充颜色为选区，如图7-38所示。

06 填充完颜色以后不要取消选区，接着在"图层"面板中新建一个图层，在菜单栏中

选择"选择"→"修改"→"收缩"命令，收缩量的数值改为20像素，如图7-39所示。

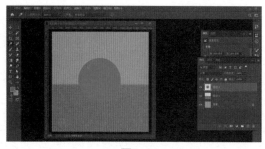 

图7-38　　　　　　　　　　　　　图7-39

07 单击工具栏中的"椭圆选框工具" ⬭ ，在属性栏中选择"与选区交叉"，然后在圆形选区上方拉一个椭圆形选区，让两个选区的交叉部分保留下来，如图7-40所示。

08 在工具栏中设置"前景色"为白色，单击"渐变工具" ▨ ，在属性栏中选择从"前景色到透明渐变"，然后在选区内拉一个白色到透明的渐变，最后按Ctrl+D组合键取消选区，效果如图7-41所示。

 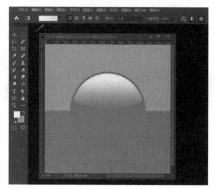

图7-40　　　　　　　　　　　　　图7-41

09 在"图层"面板中选择"图层2"图层，按住Ctrl键的同时单击"图层2"中的缩略图，即红色圆形，这样"图层2"图层中的图形就建立了选区。在菜单栏中选择"选择"→"修改"→"收缩"命令，收缩量的数值改为20像素，新建一个图层，即"图层4"，在工具栏中单击"矩形选框工具" ▢ ，在属性栏中选择"从选区减去"，从圆形的上方画对角线则上方选区会被减去，剩下的选区如图7-42所示。

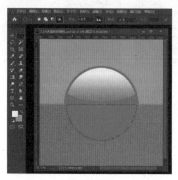

图7-42

10 单击工具栏中的"渐变工具" ，在属性栏中选择从"前景色到透明渐变"，然后在选区内设置一个白色到透明的渐变，最后按Ctrl+D组合键取消选区，效果如图7-43所示。

11 为选区添加模糊效果。在菜单栏中选择"滤镜"→"模糊"→"动感模糊"命令，设置"角度"为89度，"距离"为44像素，如图7-44所示。

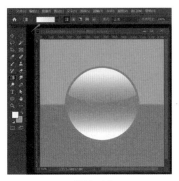
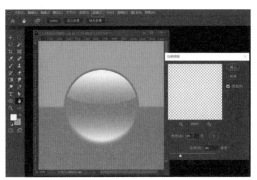

图7-43 图7-44

12 添加投影，增强体积感。单击"图层2"图层，在菜单栏中选择"图层"→"图层样式"→"投影"命令，设置投影参数值的"距离"为46，"扩展"为0%，"大小"为43像素，如图7-45所示。

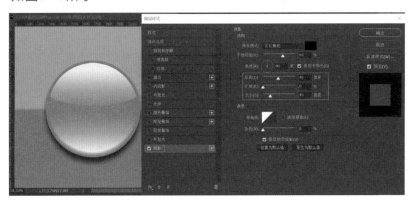

图7-45

13 单击工具栏中的"多边形工具" ，设置"前景色"的颜色值为R：151、G：4、B：39，在属性栏中选择"形状"，"边数"设置为3，画一个三角形，接着在"图层"面板中将"图层3"拉到顶层，如图7-46所示。

图7-46

最终效果如图7-47所示。

图7-47

7.3 界面背景设计

本节主要介绍Photoshop中界面背景设计的应用，使读者了解组、钢笔工具、矩形工具、形状、自由变换、渐变、画笔工具、文字排版工具等的综合运用，熟练掌握界面背景设计的绘制方法。

 ### PS 7.3.1 UI 抽象花形图案设计

知 识 点：UI抽象花形图案的设计制作，组、自由变换、旋转、画笔等工具的综合运用，以及UI界面的背景设计

尺寸规格：1125像素×2436像素

源 文 件：第7章/7.3.1

在线视频：视频/第7章/7.3.1UI抽象花形图案设计. mp4

01 打开Photoshop，在菜单栏中选择"文件"→"新建"→"移动设备"命令，设置尺寸大小的宽为1125像素、高为2436像素、分辨率为72像素/英寸，如图7-48所示。

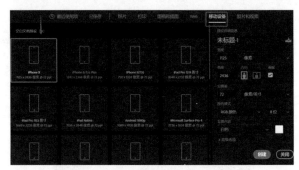

图7-48

02 在"图层"面板中先新建一个"组"，单击"组"按钮▣，接着在"组1"里面新建一个图层，单击工具栏中的"椭圆工具"⬤，选择"形状"，填充为黑色，不透明度调节为10%，如图7-49所示。

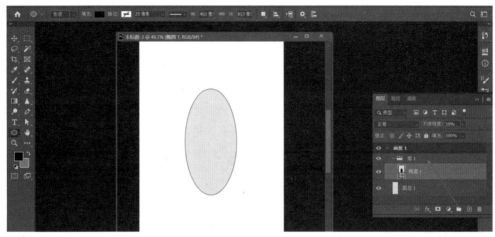

图7-49

03 在"椭圆1"图层上按Ctrl+J组合键复制一个图层,如图7-50所示。接着按Ctrl+T组合键(自由变换),右击,在弹出的快捷菜单中选择"旋转"命令,旋转角度设置为45°,如图7-51所示。

图7-50

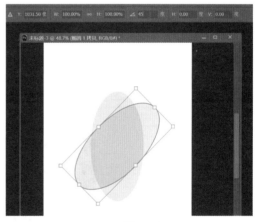

图7-51

04 在"椭圆1"图层上按Ctrl+J组合键再复制一个图层,并进行旋转,重复两次同样的操作后绘制出以下的形状效果,如图7-52所示。

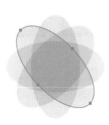

图7-52

05 在"组1"上新建一个图层，如图7-53所示。设置前景色为紫色、背景色为蓝色，单击"画笔工具" ，在该图层中涂抹紫色和蓝色，如图7-54所示。

图7-53

图7-54

06 单击经过涂抹的图层左边的"指示图层可见性"按钮 ，将其行隐藏，然后按Ctrl+J组合键复制"组1"，按Ctrl+T组合键（自由变换），再按住Shift+Alt组合键向中心位置拖动，整体缩小，如图7-55所示。

07 按住Ctrl键的同时分别单击"组1"和"组1 拷贝"图层，可以同时选择两个图层。接着右击，在弹出的快捷菜单中选择"合并图层"命令，使"组1"图层和"组1拷贝"层合并，如图7-56所示。

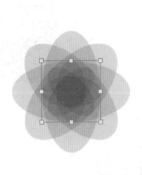

图7-55

图7-56

08 在"图层2"上单击"指示图层可见性"按钮 让该图层显示出来，接着在"图层2"与"组1拷贝"之间按住Alt键进行图层与组之间的嵌套，当出现 符号，说明图层的颜色嵌套到下面的组上，完成后的效果如图7-57所示。

09 新建一个图层，单击"椭圆工具" ，按住Shift键绘制一个圆形，接着右击，在弹出的快捷菜单中选择"建立选区"命令，设置一个蓝色到紫色的渐变，如图7-58所示。

图7-57

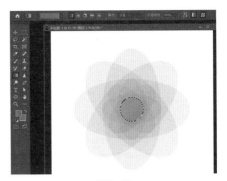

图7-58

10 单击工具栏中的"文字工具" ，输入文字，将其放置到合适的位置，效果如图7-59所示。

11 新建一个图层，单击"矩形选框工具" ，在底部建立一个矩形选区，并填充为浅紫色，效果如图7-60所示。

图7-59

图7-60

12 单击工具栏中的"多边形工具" ，在属性栏中选择"形状"，填充为白色，边数设置为3，画一个三角形，如图7-61所示。在"图层"面板右上角单击 按钮，选择"拼合图像"，将所有图层合并。

13 在菜单栏中选择"文件"→"新建"→"打印"→A4命令，新建一个蓝紫色渐变背景的文档。将制作好的图拖到渐变背景上，为其加上投影，最终效果如图7-62所示。

图7-61

图7-62

PS 7.3.2 UI背景整体设计

知 识 点：UI背景整体设计制作，椭圆工具、形状、文字等综合运用，以及UI界面背景整体风格的设计

尺寸规格：340毫米×480毫米

源 文 件：第7章/7.3.2

在线视频：视频/第7章/7.3.2 UI背景整体设计.mp4

01 打开Photoshop，新建一个宽为340毫米、高为480毫米、分辨率为100像素/英寸的文档，背景色设置为R：192、G：233、B：243，如图7-63所示。

02 单击"椭圆工具" ，在属性栏选择"形状"，按住Shift键分别画出三个圆形，如图7-64所示位置摆放。

图7-63

图7-64

03 选择"图层"→"图层样式"→"渐变叠加"命令，分别为三个圆形制作渐变效果，渐变颜色值分别设置为R：77、G：211、B：244和R：187、G：123、B：195，如图7-65所示。

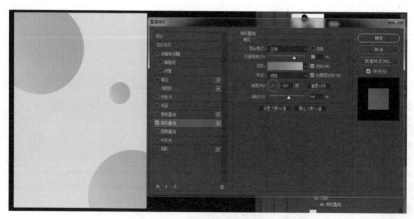

图7-65

04 单击"椭圆工具" ，在属性栏中选择"形状"，"填充"选择无颜色 ，按住Shift键画一个圆形，设置"描边"颜色为白色，如图7-66所示放置。

05 拖入手机素材，放置到画面中适当的位置，按Ctrl+T组合键（自由变换），调整手机素材的位置和大小，如图7-67所示。

图7-66

图7-67

06 拖入图标素材，按Ctrl+T组合键（自由变换），调整图标素材位置大小。首先将其摆放在手机屏幕中，上下各4个，排列为两行，如图7-68所示。复制这8个图标，按Ctrl+T组合键（自由变换），放大这组图标，按图7-69所示进行摆放。

图7-68

图7-69

07 单击"文字工具"【T】，为大图标上输入文字和英文标题，如图7-70和图7-71所示。

图7-70

图7-71

08 单击"文字工具" T，输入日期，单击"钢笔工具" ，画斜杠线，在属性栏中选择"形状"，"填充"为无颜色 ，"描边"为白色，如图7-72所示。

09 单击"钢笔工具" ，画直线作为装饰线，在属性栏中选择"形状"，"填充"为无颜色 ，"描边"为白色。先画一条直线，接着按Ctrl+C组合键（复制），连续按Ctrl+V组合键（粘贴）三次，将复制的3条线对齐摆放，最终效果如图7-73所示。

图7-72

图7-73

第8章
动漫绘制实例

本章主要介绍Photoshop在动漫绘制中的应用，使读者了解钢笔工具、椭圆工具、直接选择工具、多边形工具、锚点、滤镜等的综合运用，掌握基本的动漫形态绘制方法和目前流行的二次元效果制作方法。

8.1 动漫卡通的绘制

本节主要讲解使用Photoshop绘制动漫卡通作品，使读者了解椭圆工具、形状、直接选择工具、锚点工具、减去形状等的综合运用，掌握动漫卡通作品的绘制方法。

8.1.1 MBE风格画的绘制

知 识 点：卡通鸭子MBE风格画的绘制，椭圆工具、形状、直接选择工具、锚点工具、减去形状等的综合运用，以及基本MBE风格画的绘制

尺寸规格：950像素×750像素

源 文 件：第8章/8.1.1

在线视频：视频/第8章/8.1.1MBE风格画的绘制.mp4

01 打开Photoshop，在菜单栏中选择"文件"→"新建"命令，新建一个宽为950像素、高为750像素、分辨率为150像素/英寸的文档，再按Ctrl+R组合键调出参考线，画出水平居中和垂直居中的参考线，如图8-1所示。

02 在菜单栏中选择"编辑"→"填充"命令，将背景填充为蓝色，颜色值设置为R：77、G：192、B：245，如图8-2所示。

图8-1

图8-2

03 单击"椭圆工具" 按钮，在属性栏中选择"形状"，画一个椭圆形，设置"填充" 填充 为"无颜色"，"描边"为6像素，如图8-3所示。

04 按住Ctrl键的同时单击"椭圆1"图层和"背景"图层，此时两个图层同时被选中，接着在属性栏中单击"水平居中对齐" 和"垂直居中对齐"，此时椭圆形在背景中心位置对齐，如图8-4所示。

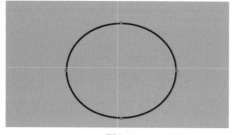
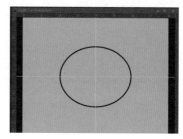

图8-3 图8-4

05 按V键从上向下移动拉出参考线，单击"添加锚点工具" ，在图中的两个红色标记处加入锚点，如图8-5所示。

06 单击"直接选择工具" ，用"直接选择工具" 单击椭圆形下方的编辑点，然后按Delete键删除此处的点，如图8-6所示。

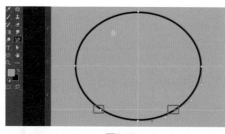
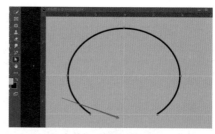

图8-5 图8-6

07 在"椭圆1"图层上按Ctrl+J组合键复制一个图层，即"椭圆1 拷贝"图层，再将此图层填充为黄色，颜色值设置为R：255、G：255、B：0，"描边"选择"无颜色" ，再将"椭圆1拷贝"图层拖到"椭圆1"图层下面，如图8-7所示。

08 在"椭圆1 拷贝"图层上按Ctrl+J键再复制一个图层，即"椭圆1拷贝2"，单击"椭圆1拷贝2"图层左边的"指示图层可见性"按钮 ，将该图层隐藏起来留到后面使用，如图8-8所示。

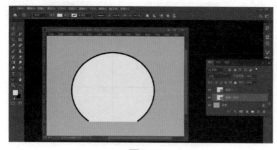
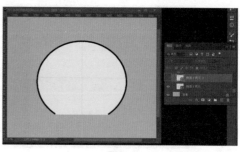

图8-7 图8-8

09 双击"椭圆1拷贝"图层，改名为"黄色"，接着在工具栏中单击"选择工具" ⊾，按住Alt键的同时将光移动黄色图形上，在"黄色"图层上新复制一个图形，这样做的目的是避免产生新的图层，如图8-9所示。将复制的黄色图形向右移动，此时可以看到两个相同的黄色图形，如图8-10所示。

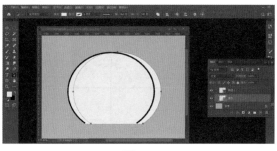

图8-9　　　　　　　　　　　　　　　　图8-10

10 单击复制的黄色图形，在属性栏中选择"减去顶层形状" ⊡，复制的黄色图形被减掉，效果如图8-11所示。在属性栏中选择合并形状组件，这样黄色部分就合并为单独的形状，如图8-12所示。

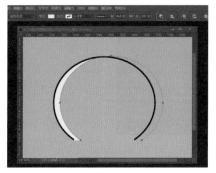
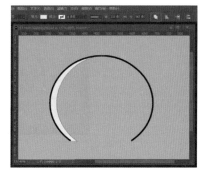

图8-11　　　　　　　　　　　　　　　　图8-12

11 接着将"填充"改为白色，将"黄色"图层名字改为"白色"，这样做的目的是便于区分，如图8-13所示。

12 单击"椭圆1拷贝2"图层左边的"指示图层可见性"按钮 ◉，让这个图层显示出来，再按Ctrl+T组合键（自由变换），将图形调整到合适的大小，如图8-14所示。

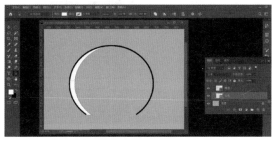
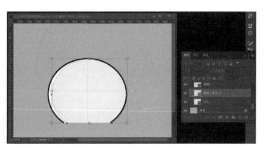

图8-13　　　　　　　　　　　　　　　　图8-14

13 在"椭圆1拷贝2"图层上按Ctrl+J组合键再复制一个图层，即"椭圆1拷贝3"图

形，再把"椭圆1拷贝3"图层隐藏起来，如图8-15所示。在"椭圆1拷贝2"图层上单击
"路径选择工具"按钮 ，并按住Alt键向左移动图形，在"椭圆1拷贝2"图层中复制
新的图形，该图形用来调整暗部颜色，如图8-16所示。

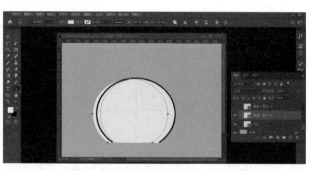

图8-15　　　　　　　　　　　　　　图8-16

14 运用上述方法，在属性栏中单击"减去顶层形状"按钮 ，在属性栏中选择合并形
状组件，完成后的效果如图8-17所示。

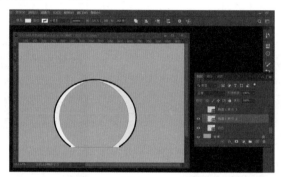

图8-17

15 单击右边黄色部分图层，为其填充颜色，将黄色改为土黄色，颜色值设置为R：
227、G：177、B：24，如图8-18所示。单击"椭圆1拷贝3"图层前的"指示图层可见
性"按钮 ，让此图层显示出来，再将其拖到"椭圆1拷贝2"图层的下面，如图8-19
所示。

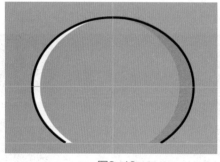

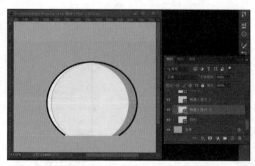

图8-18　　　　　　　　　　　　　　图8-19

16 在"图层"面板中单击"创建新图层"按钮 ，新建一个图层，命名为"鸭嘴"。
单击"钢笔工具" ，在属性栏中选择"形状"，"填充"颜色设置为R：252、G：

142、B：13，"描边"为6像素，结合"转换点工具" ↖ 和"直接选择工具" ↘ 调节形状，如图8-20所示。

17 单击"钢笔工具" ✐ ，在属性栏中选择"形状"，"填充"为黑色，画出鸭嘴的中间形状，并结合"转换点工具" ↖ 和"直接选择工具" ↘ 调整形态，如图8-21所示。

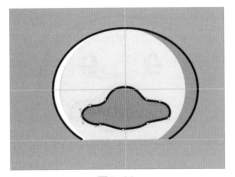

图8-20

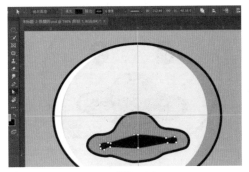

图8-21

18 画眼睛部分。单击"椭圆工具" ◯ ，在属性栏中选择"形状"，"填充"颜色为黑色，"描边"为"无颜色"，接着画两个圆形，"填充"为白色，如图8-22所示。

19 选中右边的眼睛，按Ctrl+J组合键复制一个眼睛，然后将其移动到左边，如图8-23所示。

图8-22

图8-23

20 单击工具栏中的"添加锚点工具" ✐ ，激活路径，在外轮廓路径上添加多个锚点，然后在"直接选择" ↘ 状态下，选择某个锚点，待变成实心后按Delete键删除锚点，该锚点左右两端的路径就会被删除，如图8-24和图8-25所示。

图8-24

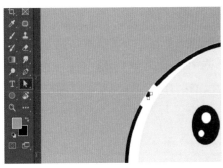

图8-25

21 用上述方法制作图形右边的两处效果，如图8-26所示。

22 单击"钢笔工具" ，按住Shift键绘制线段，在属性栏中选择"形状"，"填充"为黑色，"描边"6像素，如图8-27所示。

图8-26   图8-27

23 用上文的方法通过多次添加锚点、删除路径来修改线段，效果如图8-28所示。

24 按Ctrl+J组合键复制两条线段，并移动到合适的位置，最终效果如图8-29所示。

图8-28   图8-29

8.1.2 卡通造型的绘制

知 识 点：卡通造型的绘制，钢笔工具、椭圆工具、形状工具、直接选择工具、锚点工具、多边形等工具的综合运用，以及矢量卡通造型的绘制

尺寸规格：795像素×1200像素

源 文 件：第8章/8.1.2

在线视频：视频/第8章/8.1.2卡通造型的绘制.mp4

01 新建一个宽为795像素、高为1200像素、分辨率为300像素/英寸的文档。在工具栏中单击"椭圆工具" ，在属性栏中选择"形状"，画一个椭圆形，颜色值设置为R：0、G：104、B：183，"描边"为5像素，如图8-30所示。

02 单击工具栏中的"添加锚点工具" ，在椭圆底部的两边添加锚点，如图8-31所示。

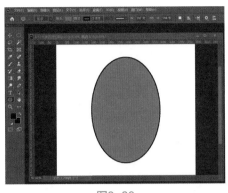

图8-30

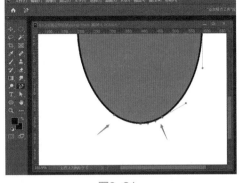

图8-31

03 单击工具栏中的"直接选择工具" ，选择中间的锚点，然后将其向上移动一定的距离，如图8-32所示。

04 单击工具栏中的"添加锚点工具" ，在椭圆形的底部红色箭头处添加锚点，如图8-33所示。

 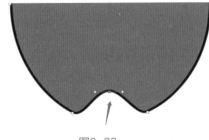

图8-32

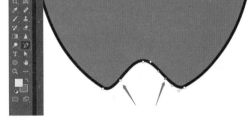

图8-33

05 单击工具栏中的"直接选择工具" ，然后调整图中的锚点，调整为图8-34所示的样子。

06 单击工具栏中的"多边形工具" ，在属性栏中选择"形状"，"边数"设置为3，画一个白色的三角形作为怪兽耳朵，并将"三角形"图层移动到"椭圆1"图层的下面，如图8-35所示。

图8-34

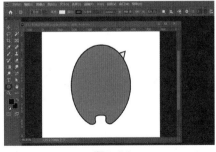

图8-35

07 单击怪兽的耳朵，按Ctrl+Alt组合键的同时，向左拖动光标，复制出另一只耳朵，如图8-36所示。

08 单击工具栏中的"椭圆工具" ，画一个椭圆形作为怪兽的手，并在"图层"面板中将其移动到身子位置，即"椭圆1"图层的下面，如图8-37所示。

09 单击怪兽的手，按Ctrl+Alt组合键的同时向左拖动光标，复制出另一只手，如图8-38所示。

10 单击工具栏中的"椭圆工具" ，在属性栏中选择"形状"，按住Shift键，画一个圆形作为怪兽的眼睛，"填充"为白色，如图8-39所示。

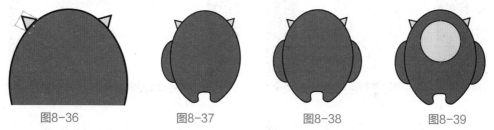

图8-36   图8-37   图8-38   图8-39

11 用上述方法画出眼珠底色，将颜色值设置为R：21、G：70、B：107，并在属性栏中选择"关闭描边" ，如图8-40所示。

12 用上述方法画眼珠细节部分，"填充"为黑色，如图8-41所示。

 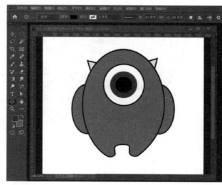

图8-40   图8-41

13 单击工具栏中的"椭圆工具" ，在属性栏中选择"形状"，按住Shift键画一个圆形，如图8-42所示。

14 画嘴巴部分。单击工具栏中的"钢笔工具" ，在属性栏中选择"形状"，设置"描边"为5像素，画出怪兽嘴巴部分并填充为灰色，结合"直接选择工具" 调节其形态，如图8-43所示。

图8-42   图8-43

15 画牙齿部分。单击工具栏中的"钢笔工具" ，填充为白色，并在属性栏中选择"关闭描边" ，画出上面的牙齿，如图8-44所示。

16 用上述方法画出下面的牙齿，如图8-45所示。

图8-44

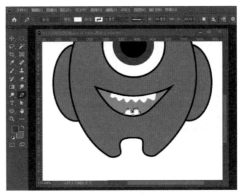

图8-45

17 画投影部分。单击工具栏中的"椭圆工具" ，在属性栏中选择"形状"，同时关闭"描边"，画一个椭圆形，颜色值设置为R：181、G：181、B：181，如图8-46所示。最终效果如图8-47所示。

图8-46

图8-47

8.2 二次元动漫风格的绘制

本节主要讲解利用Photoshop绘制二次元动漫风格作品，使读者了解画笔工具、Camera Raw 滤镜等的综合运用，掌握二次元动漫风格的绘制方法。

8.2.1 照片中人物转二次元动漫效果

知 识 点：照片中人物转二次元动漫效果的制作方法，以及画笔工具、硬边圆对细节描绘的运用
源 文 件：第8章/8.2.1
在线视频：视频/第8章/8.2.1照片中人物转二次元动漫效果.mp4

01 在Photoshop中打开如图8-48所示的素材，在"图层"面板中单击两次"创建新图层"按钮 ⊞，新建两个图层，上面的图层用来描绘人物，命名为"描绘"，下面的图层作为白底，命名为"白底"，如图8-49所示。

图8-48   图8-49

02 单击"描绘"图层，设置"前景色"为黑色，然后单击工具栏中的"画笔工具" ✎，选择"硬边圆"，设置"大小"为2像素，如图8-50所示。

03 用"画笔工具"对照片中的人物进行外轮廓和细节描绘，如图8-51所示。

图8-50   图8-51

04 单击"白底"图层，设置"前景色"为白色，然后单击工具栏中的"画笔工具" ✎，选择"硬边圆"，涂抹时根据图像形状来调整画笔的大小，沿着人物轮廓涂抹白色，如图8-52所示。

图8-52

最终效果如图8-53所示。

图8-53

8.2.2　风景照转二次元动漫效果

知　识　点：风景照转二次元动漫效果的制作，以及图像色阶、干画笔、油画、Camera Raw
滤镜的综合运用

源　文　件：第8章/8.2.2

在线视频：视频/第8章/8.2.2风景照转二次元动漫效果.mp4

01　在Photoshop中打开图片素材，如图8-54所示。

02　图像整体偏暗，需整体调亮。在菜单栏中选择"图像"→"调整"→"色阶"命令，拖动输入色阶的3个滑块，查看调节的亮度，然后单击"确定"按钮，画面整体变得明亮，如图8-55所示。

图8-54

图8-55

03　在菜单栏中选择"滤镜"→"滤镜库"→"干画笔"命令，设置"画笔大小"数值为1，"画笔细节"数值为10，"纹理"数值为1，如图8-56所示。

04　在菜单栏中选择"滤镜"→"风格化"→"油画"命令，设置"描边样式"数值为0.2，"描边清洁度"数值为2.6，"缩放"数值为5.5，"硬毛刷细节"数值为0.5，如图8-57所示。

图8-56

图8-57

05 用"Camera Raw 滤镜"对整体进行色调调节。在菜单栏中选择"滤镜"→"Camera Raw 滤镜"命令，在弹出的对话框中进行参数值调节，"曝光"数值为+0.95、"对比度"数值为-38、"阴影"数值为+35、"黑色"数值为+44、"清晰度"数值为+83、"自然饱和度"数值为+53，如图8-58所示。

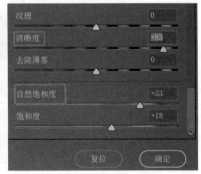

图8-58

06 单击第三栏"细节"，将"细节"数值调到100，"蒙版"数值调到75。在调整"蒙版"时，观察轮廓线条在何时达到最佳的效果，如图8-59所示。

图8-59

07 在"图层"面板中双击"背景"图层,将锁定的"背景"图层变为普通图层(变为普通图层后就没有锁定的标志了,这样就可以编辑天空了),如图8-60所示。

图8-60

08 在工具栏中单击"快速选择工具" ,单击天空部分,让天空部分全部变为选区,再按Delete键删除原图的天空,如图8-61所示。

图8-61

09 将动漫效果的天空素材拖入背景，在"图层"面板中将天空素材图层拉到原图层下面，让天空部分在下面，如图8-62所示。

10 为天空添加光晕效果。在"图层"面板中新建一个"图层2"图层，然后在菜单栏中选择"编辑"→"填充"命令，填充颜色为黑色。接着在菜单栏中选择"滤镜"→"渲染"→"镜头光晕"命令，在画面左上角添加一个镜头光晕，"亮度"数值为95%，最后单击"确定"按钮，如图8-63所示。

图8-62　　　　　　　　　　　图8-63

11 将"图层"面板中的图层混合模式设置为"滤色"，此时就可以看到光晕效果了，如图8-64所示。

图8-64

12 在"图层"面板中单击，选择"拼合图象"命令，整体对色调进行微调，最终效果如图8-65所示。

图8-65

第 9 章
产品设计绘制实例

本章主要介绍Photoshop在产品设计中的应用，使读者了解钢笔工具、矩形工具、转换点工具、直接选择工具、画笔工具、高斯模糊、渐变等工具综合运用，掌握基本的绘制产品的方法。

9.1 产品设计的初级绘制

本节主要讲解Photoshop中产品设计的初级效果的绘制应用，使读者了解常用的绘制型工具在产品设计中的运用，掌握拓展产品设计效果的方法。

PS 9.1.1 手机的绘制

知 识 点：手机的绘制，圆角矩形工具、钢笔工具的综合运用，以及基本几何形态产品的绘制	
尺寸规格：1000像素×1000像素	
源 文 件：第9章/9.1.1	
在线视频：视频/第9章/9.1.1手机的绘制.mp4	

01 新建一个宽为1000像素、高为1000像素、分辨率为300像素/英寸，"颜色模式"为RGB，"背景内容"为白色的文档。先绘制手机外框，单击"圆角矩形工具"按钮◉，在属性栏中选择"形状"，将颜色值设置为R：0、G：0、B：0，"圆角"设置为40像素，如图9-1和图9-2所示。

图9-1

图9-2

02 在"图层"选项卡中双击"圆角矩形1"图层，并将其命名为"金属边"，按Ctrl+J组合键复制一个图层，将其命名为"反光"，如图9-3所示。单击"反光"图层面板缩略图，在弹出的对话框中将颜色值设置为R：233、G：233、B：233，接着按Ctrl+T组合键（自由变换），再按住Shift+Alt键拖动对角线上的控制点向内缩小该图形，如图9-4所示。

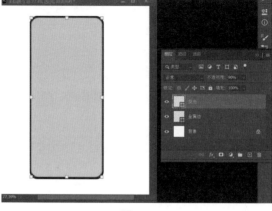

图9-3   图9-4

03 将"反光"图层进行模糊处理，在菜单栏中选择"滤镜"→"模糊"→"高斯模糊"命令，在弹出的对话框中单击"栅格化"，设置模糊半径值为6像素，如图9-5所示。选择"金属边"图层，按Ctrl+J组合键复制一个图层，将其命名为"玻璃框"，并将其拖动到顶层，如图9-6所示。

图9-5   图9-6

04 在"玻璃框"图层上按Ctrl+T（自由变换）组合键，再按住Shift+Alt键拖动对角线上的控制点向内缩小"反光"图层，如图9-7所示。在"玻璃框"图层上按Ctrl+J组合键复制一个图层用来放置手机屏幕背景图，再按Ctrl+T组合键（自由变换），将其适当缩小一点，如图9-8所示。

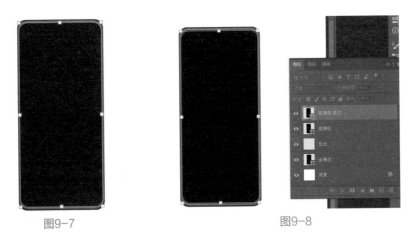

图9-7   图9-8

05 将手机屏幕背景图素材拖到手机"玻璃框"图层上,让其覆盖手机,如图9-9所示,接着选择"图层1"背景,按Alt+Ctrl+G组合键创建"剪贴蒙版",让手机屏幕背景图镶嵌在"玻璃框"图层中,如图9-10所示。

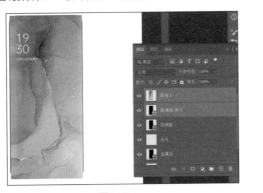   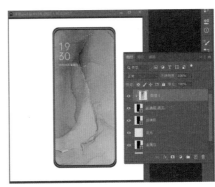

图9-9   图9-10

06 新建一个图层用来制作手机左边的反光效果,在工具栏中单击"钢笔工具" ,在属性栏中选择"形状",画出如图9-11所示形状。右击,在弹出的快捷菜单中选择"建立选区"命令,在工具栏中单击"渐变工具" ,在选区内设置一个从白色到透明的渐变效果,如图9-12所示。

   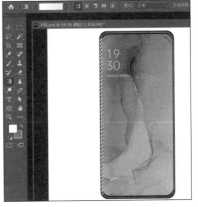

图9-11   图9-12

07 按Ctrl+D组合键取消选区，则左边的反光效果制作完成，如图9-13所示。接着按Ctrl+J组合键将左边反光图层复制一层，选择新复制的图层，按Ctrl+T组合键（自由变换），再右击，在弹出的快捷菜单中选择"水平翻转"命令，并移动到右侧合适的位置，如图9-14所示。

最终效果如图9-15所示。

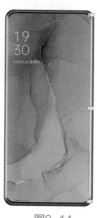

图9-13 图9-14 图9-15

 PS 9.1.2 护肤品瓶子的绘制

知 识 点：护肤品瓶子的绘制，组、标尺、钢笔工具、转换点工具、直接选择工具、画笔工具、高斯模糊等的综合运用，以及产品立体效果的绘制

尺寸规格：297毫米×210毫米

源 文 件：第9章/9.1.2

在线视频：视频/第9章/9.1.2护肤品瓶子的绘制.mp4

01 打开Photoshop，在菜单栏中选择"文件"→"新建"命令，新建一个宽为297毫米、高为210毫米、分辨率为300像素/英寸的文档。在"图层"面板中单击"创建新组"按钮■，接着新建一个图层，如图9-16所示。在绘制产品时由于图层较多，以分组的形式来管理编辑比较方便。

图9-16

02 在菜单栏中选择"视图"→"标尺"命令，自顶向下拉参考线，单击工具栏中的"钢笔工具" ![icon]，在属性栏选择"路径"，绘制瓶身部分，并结合"转换点工具" ![icon]和"直接选择工具" ![icon]调节形状，如图9-17所示。

03 形状调整完成后，右击，在弹出的快捷菜单中选择"建立选区"命令，在菜单栏中选择"编辑"→"填充"命令，填充为蓝色，按Ctrl+D组合键取消选区，如图9-18所示。

图9-17　　　　　　　　　　　　　　　图9-18

04 在"图层"面板中新建3个图层，每个图层对应瓶子上面的3部分，按照给瓶身上色的方法为每个部分铺上底色，这样有利于区分结构和调整形态，如图9-19所示。

05 按住Ctrl键的同时在"图层"面板中单击瓶身缩览图 ![icon]，为蓝色瓶身部分建立选区。在"图层"面板中单击"创建新组"按钮 ![icon]，将该组命名为"瓶身"，如图9-20所示。

图9-19　　　　　　　　　　　　　　　图9-20

06 在"瓶身"组后面添加一个"图层蒙版" ![icon]，盖住瓶身以外的区域。新建一个图层用来画瓶身暗部，单击"画笔工具" ![icon]，选择"柔边圆"画笔，为瓶身涂抹深蓝色，如图9-21所示。

图9-21

07 暗部颜色画好后，在菜单栏中选择"滤镜"→"模糊"→"高斯模糊"命令，对暗部进行模糊，模糊半径值为15.3像素，模糊后使其过渡更自然，如图9-22所示。

08 新建一个图层用来制作瓶身亮部，单击工具栏中的"画笔工具" ，在瓶身两侧边缘部分涂抹浅蓝色，接着对瓶身亮部添加"高斯模糊"滤镜，效果如图9-23所示。

图9-22   图9-23

09 新建一个图层，单击"钢笔工具" ，画出瓶身玻璃透明部分，并调整形状，如图9-24所示。

图9-24

10 右击，在弹出的快捷菜单中选择"建立选区"命令，在菜单栏中选择"编辑"→"填充"命令，填充为淡蓝色，如图9-25所示。

图9-25

11 不要取消步骤（10）中建立的选区，再建立一个图层用来制作高光，单击"画笔工具" ，用白色涂抹选区内的高光部分，不取消选区的情况下画笔颜色不会画到选区外，如图9-26所示。

12 新建一个图层用来制作瓶底暗部，单击"钢笔工具" ，画出图9-27所示形状。

图9-26　　　　　　　　　　　　　　　　　　　　图9-27

13 在瓶底暗部建立选区，单击"减淡工具" 和"加深工具" 对瓶底明暗进行处理，如图9-28所示。

14 选择已建立的瓶子中间面部分，按住Ctrl键在"图层"面板中单击缩览图，为瓶子中间部分建立选区，单击"画笔工具" ，涂抹暗部颜色加深效果，如图9-29所示。

图9-28　　　　　　　　　　　　　　　　　　　　图9-29

15 不要取消步骤（14）中的选区，在"图层"面板中新建一个图层用来制作选区内亮部颜色，单击"画笔工具" ，涂抹白色以提亮亮部颜色，如图9-30所示。

16 在"图层"面板中单击到瓶盖图层上，用上述方法建立选区。单击"渐变工具" ，自上向下设置一个浅灰色的渐变，如图9-31所示。

图9-30　　　　　　　　　　　　　　　　　　　　图9-31

17 选择瓶盖侧面图层，用上述方法建立选区，单击"画笔工具" ，为其涂上暗部颜色和亮部颜色，效果如图9-32所示。

18 新建一个图层用来制作中间切面部分，单击"钢笔工具" ，在属性栏选择"路径"，画出图9-33所示的形状并建立选区。

图9-32

图9-33

19 建立选区后，单击"画笔工具" 🖌，为其涂上暗部颜色与亮部颜色，效果如图9-34所示。

20 单击"文字工具" **T**，输入文字，设置颜色为白色，设置图层混合模式为"叠加"，如图9-35所示。

图9-34

图9-35

21 在工具栏中单击"渐变工具" ▥，选择"背景"图层，自上向下设置从浅蓝到深蓝的"线性渐变"，如图9-36所示。

图9-36

22 单击"背景"图层前面的"图层可见性"按钮 👁，并隐藏该背景，然后选择"图层"面板右上角的"合并可见图层"命令，把瓶子的所有图层合并起来，方便制作瓶子的投影，如图9-37所示。

23 在合并的图层上右击，在弹出的快捷菜单中选择"复制图层"命令，选择复制的图层，在菜单栏中选择"编辑"→"变换"→"变形"命令，调节控制杠杆向下移动，完成反射投影效果，如图9-38所示。

图9-37　　　　　　　　　　　　　　　　　　　图9-38

24 将反射投影图层移动到瓶子图层下方，单击"渐变工具" ，选择"前景色到透明渐变"，如图9-39和图9-40所示。

图9-39　　　　　　　　　　　　　　　　　　　图9-40

25 在反射投影图层上新建一个图层用来制作阴影，单击工具栏中的"椭圆选框工具" 以建立一个椭圆选区，在菜单栏中选择"编辑"→"填充"命令，填充为深蓝色，按Ctrl+D组合键取消选区。在菜单栏中选择"滤镜"→"模糊"→"高斯模糊"命令，最终效果如图9-41所示。

图9-41

9.1.3 电水壶的绘制

知 识 点：电水壶的绘制，组、钢笔工具、转换点工具、直接选择工具、画笔工具、渐变工具
等的综合运用，以及产品不锈钢效果的绘制
尺寸规格：297毫米×210毫米
源 文 件：第9章/9.1.3
在线视频：视频/第9章/9.1.3电水壶的绘制.mp4

01 新建一个宽为297毫米、高为210毫米、分辨率为300像素/英寸的文档。在"图层"
面板中单击"创建新组"按钮▣，在组里新建一个图层，如图9-42所示。

02 单击工具栏中的"钢笔工具"▨，选择"路径"绘制水壶形状，并利用"转换点工
具"▧进行调整，接着用"直接选择工具"▨调节其造型，如图9-43所示。

图9-42　　　　　　　　　　　　　　　　　　图9-43

03 造型调整完成后，右击，在弹出的快捷菜单中选择"建立选区"命令，接着单击工
具栏中的"渐变工具"▣，在左上角的"预设"中进行颜色调节，如图9-44所示。单击
左上角的渐变色调整进行颜色的调节，调节完成后单击"确定"按钮回到图层界面，由
左向右拖动光标，渐变效果如图9-45所示。

图9-44　　　　　　　　　　　　　　　　　图9-45

04 用同样的方法在渐变色"预设"中改变渐变色形式，如图9-46所示。再为壶身添加
一个从白色到透明的渐变，用来制作亮面区域，如图9-47所示。

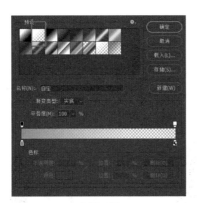

图9-46

图9-47

05 新建一个图层，单击"渐变工具" ，为壶身添加阴影部分的渐变，单击"钢笔工具" ，在属性栏中选择"路径"，画出图9-48所示的形状。右击，在弹出的快捷菜单中选择"建立选区"命令，并按Delete键将选区部分，即亮部删除，如图9-49所示。

06 单击"减淡工具" 和"加深工具" 对暗部进行调整，调整后用"快速选择工具" 单击暗部使其建立选区。在菜单栏中选择"滤镜"→"模糊"→"高斯模糊"命令，对其暗部进行模糊处理，使过渡部分更柔和，如图9-50所示。

图9-48

图9-49

图9-50

07 单击"钢笔工具" 画出暗部反光的形状，如图9-51所示。按Ctrl+Enter组合键建立选区，再利用"加深工具" 和"减淡工具" 对其进行调整，如图9-52所示。

08 对水壶的亮部进行绘制，单击"钢笔工具" ，画出形状，再右击，在弹出的快捷菜单中选择"建立选区"命令，接着新建一个图层，并运用上述方法设置"渐变填充"和"高斯模糊"，如图9-53所示。

图9-51

图9-52

图9-53

09 单击"钢笔工具" ✏，画出形态后建立选区，如图9-54所示。运用"加深工具" ⚫ 和"减淡工具" 🔍 对亮部进行明暗调整，如图9-55所示。

10 底座也运用以上同样的方法。先新建一个图层，再用"钢笔工具" ✏ 画出底座形状，然后建立选区，按Shift+F5组合键进行黑色填充，接着运用"加深工具" ⚫ 和"减淡工具" 🔍 进行调整，效果如图9-56所示。

图9-54

图9-55

图9-56

11 再绘制一个底座，并运用上述方法进行调整，效果如图9-57所示。

12 绘制把手。单击"钢笔工具" ✏，在属性栏中选择"路径"，绘制把手形状，接着建立"选区"并进行渐变填充，如图9-58所示。按Ctrl+J组合键复制图层，进行另一个方向的渐变填充。绘制好路径建立选区后，将选区内的形状删除，就能得到把手下面部分的形状，如图9-59所示。

图9-57

图9-58

图9-59

13 绘制把手中间的高光区域。单击"钢笔工具" ✏，在属性栏中选择"路径"，绘制一个封闭的形状，然后右击，在弹出的快捷菜单中选择"建立选区"命令，填充为白色，按Ctrl+D组合键取消选区。选择"滤镜"→"模糊"→"高斯模糊"命令对其进行模糊处理，效果如图9-60所示。

14 单击"钢笔工具" ✏，绘制中间的金属片，并填充为浅灰色。新建一个图层，单击"画笔工具" ✒，涂抹高光部分，再添加"高斯模糊"，如图9-61所示。最后利用"加深工具" ⚫ 和"减淡工具" 🔍 对整个握把手进行调整，效果如图9-62所示。

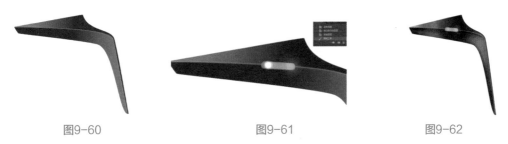

| 图9-60 | 图9-61 | 图9-62 |

15 新建图层，单击"画笔工具" ，在把手与壶身接触的位置绘制阴影，再添加"高斯模糊"使其更加自然，如图9-63所示。

16 新建图层，单击"钢笔工具" ，在属性栏选择"路径"并绘制形状，右击，在弹出的快捷菜单中选择"建立选区"命令，然后对其进行渐变填充，如图9-64所示。运用"加深工具" 和"减淡工具" 进行调整，效果如图9-65所示。

| 图9-63 | 图9-64 | 图9-65 |

17 新建图层用来制作投影，单击"椭圆选框工具" 建立一个椭圆形选区，填充为黑色，如图9-66所示。为其添加"高斯模糊"，效果如图9-67所示。

最终效果如图9-68所示。

| 图9-66 | 图9-67 | 图9-68 |

9.2 产品设计的中高级绘制

　　本节主要讲解Photoshop中产品设计的中高级绘制应用，使读者了解常用的绘制型工具在造型复杂的产品设计中的运用，掌握拓展产品设计的表现技法。

PS 9.2.1 口红的绘制

知 识 点：口红的绘制，组、钢笔工具、渐变工具、画笔工具、高斯模糊等的综合运用，以及造型复杂和反射效果强烈的产品的绘制

尺寸规格：297毫米×210毫米

源 文 件：第9章/9.2.1

在线视频：视频/第9章/9.2.1口红的绘制.mp4

01 新建一个宽为297毫米、高为210毫米、分辨率为300像素/英寸的文档。新建一个"组"，命名为"盖子"，在组里新建一个图层，单击"圆角矩形工具" ，在属性栏选择"路径"，设置半径为10像素，如图9-69所示。

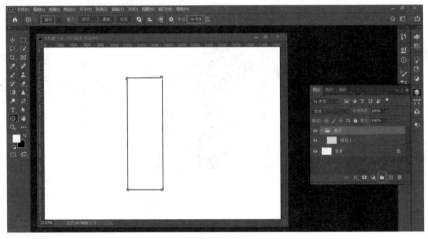

图9-69

02 右击，在弹出的快捷菜单中选择"建立选区"命令，单击工具栏中的"渐变工具" ，填充为浅黄的渐变颜色，如图9-70所示。

03 新建一个图层，接着画盖子的右侧面，单击"圆角矩形工具" ，画一个矩形，单击"选择工具" ，框选右上角的锚点并向下移动以调整形状，如图9-71所示。

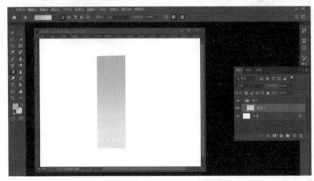

图9-70

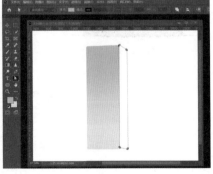

图9-71

04 对右侧面进行上色，右击，在弹出的快捷菜单中选择"建立选区"命令，接着单击"渐变工具" ，并填充渐变颜色，如图9-72所示。

05 在"图层"面板中选择"图层1"图层，按住Ctrl键的同时再单击"图层1"图层缩略图则出现选区，新建一个图层并在选区内填充黑色，如图9-73所示。

06 将黑色图层拖动到"图层1"图层下，按Ctrl+T组合键（自由变换），将黑色图层放大，如图9-74所示，用来制作转折面的明暗关系。

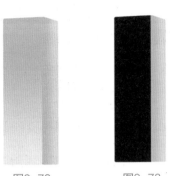

图9-72   图9-73   图9-74

07 按住Ctrl键的同时单击黑色图层缩略图让其建立选区，接着单击"画笔工具" ，涂抹灰色与黄色，画出其环境色，如图9-75所示。

08 在工具栏中单击"画笔工具" ，画出下面部分的环境色，如图9-76所示。

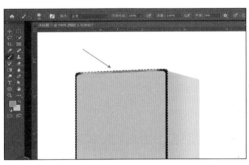
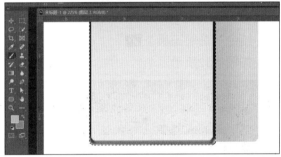

图9-75   图9-76

09 新建图层，填充由白色到深色的渐变色，用来制作左侧面的斜面效果，如图9-77所示。

10 把步骤（9）制作的图层移动到"图层1"图层与黑色的"图层3"图层中间，斜面效果如图9-78所示。

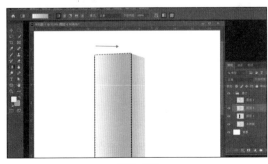
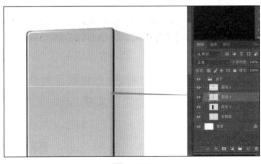

图9-77   图9-78

11 制作中间高光部分。新建一个图层，单击"矩形选框工具" ，拉一个矩形选区并填充为白色，如图9-79所示。

12 制作反光部分。新建一个图层，单击"圆角矩形工具" ，画一个矩形，并右击，在弹出的快捷菜单中选择"建立选区"命令，填充渐变色，颜色调节如图9-80所示。

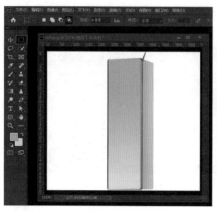
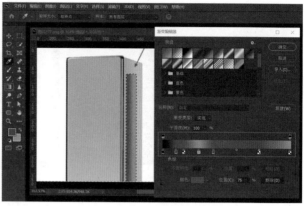

图9-79   图9-80

13 新建一个图层，单击"矩形工具" ，画一个矩形，用"直接选择工具" 调整形状，右击，在弹出的快捷菜单中选择"建立选区"命令并填充渐变颜色，如图9-81所示。

14 结合"画笔工具" 、"加深工具" 和"减淡工具" 在对其反光部分进行调节，如图9-82所示。

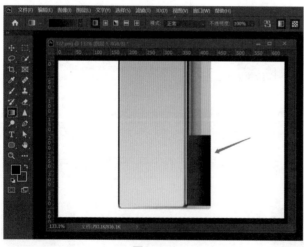

图9-81   图9-82

15 新建一个图层，单击"钢笔工具" ，在属性栏中选择"路径"，画出黑色部分形状，右击，在弹出的快捷菜单中选择"建立选区"命令并填充为黑色渐变。单击"减淡工具" ，对转角部分进行减淡，涂抹出高光效果，如图9-83所示。

16 新建图层，单击"矩形工具" ，建立选区，填充渐变颜色，颜色调节如图9-84所示。

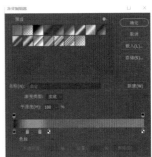

图9-83

图9-84

17 单击"文字工具" T ，输入文字，效果如图9-85所示。

18 新建组，再用同样的方法把底座部分做好，如图9-86所示。

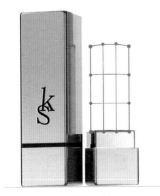

图9-85

图9-86

19 新建图层，单击"矩形工具" ■ ，画一个矩形，按Ctrl+T组合键（自由变换），然后右击，在弹出的快捷菜单中选择"变形"命令，调节上面两个锚点让其呈向上的弯曲弧度，如图9-87所示。

20 右击，在弹出的快捷菜单中选择"建立选区"命令，接着单击"渐变工具" ■ ，渐变填充颜色调节如图9-88所示。

图9-87

图9-88

21 单击"加深工具" ● ，对顶部进行加深，制作出上部分的转折面，如图9-89所示。

22 制作高光部分。新建图层，单击"钢笔工具" ◢ ，画出弯曲形状，接着右击，在弹出的快捷菜单中选择"建立选区"命令，填充为白色，然后在菜单栏中选择"滤镜"→"模糊"→"高斯模糊"命令，效果如图9-90所示。

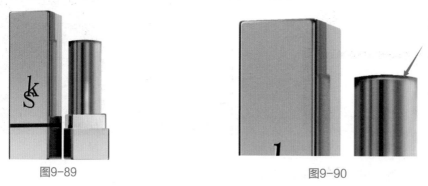

图9-89   图9-90

23 新建图层，单击"钢笔工具" ，画出口红形状，如图9-91所示。

24 右击，在弹出的快捷菜单中选择"建立选区"命令，填充为粉红色渐变，如图9-92所示。

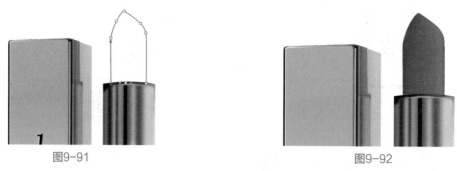

图9-91   图9-92

25 制作口红斜切面的高光。新建一个图层，单击"钢笔工具" ，画出形状、建立选区并填充为白色，接着在菜单栏中选择"滤镜"→"模糊"→"高斯模糊"命令，模糊后的效果如图9-93所示。

26 制作口红的反光部分。新建一个图层，单击"钢笔工具" ，画出图9-94所示的形状。

图9-93   图9-94

27 右击，在弹出的快捷菜单中选择"建立选区"命令，单击"渐变工具" ，选择"白色到透明的渐变"填充，如图9-95所示。

28 在"图层"面板中单击背景"图层可见性"按钮 ，将该图层隐藏起来，单击图层右上角的按钮，选择"合并可见图层"命令，如图9-96所示。口红的所有图层都合并起来，方便做投影效果。

图9-95

图9-96

29 选择"背景"图层，然后在菜单栏中选择"编辑"→"填充"命令，将背景填充为浅灰色，在口红图层上按Ctrl+J组合键复制一个图层，接着按Ctrl+T组合键（自由变换），再右击，在弹出的快捷菜单中选择"垂直翻转"命令，并调节如图9-97所示效果。

30 在倒影图层上单击"添加图层蒙版"按钮■，为其添加蒙版，接着单击工具栏中的"渐变工具"■，设置一个从白色到黑色的渐变，倒影渐变效果如图9-98所示。

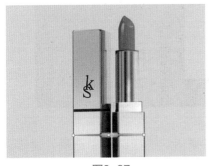

图9-97

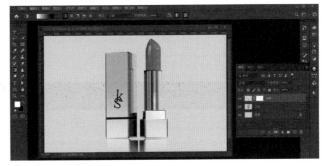

图9-98

最终效果如图9-99所示。

图9-99

Ps 9.2.2 跑车的绘制

知 识 点：跑车的绘制，组、钢笔工具、路径、直接选择、转换点工具、渐变工具、画笔工具、高斯模糊等的综合运用，以及复杂形态的产品效果的绘制

尺寸规格：35厘米×19厘米

源 文 件：第9章/9.2.2

在线视频：视频/第9章/9.2.2跑车的绘制.mp4

01 新建一个宽为35厘米、高为19厘米、分辨率为300像素/英寸，颜色模式为RGB颜色的文档。在"图层"面板单击"创建新组"按钮■，分别创建汽身组、汽身细节组、汽窗户组、轮子组，分组的目的是方便后期进行图层的管理编辑。在汽身组新建一个图层，单击"钢笔工具"◢，在属性栏中选择"路径"，画出车身并结合"直接选择工具"◣调整形状，如图9-100所示。

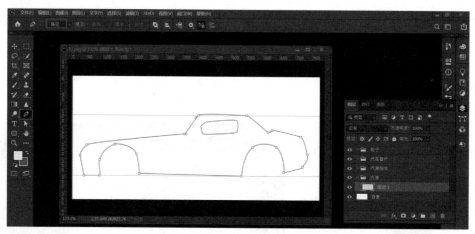

图9-100

02 对车身上的锚点进行调节，调节完成后右击，在弹出的快捷菜单中选择"建立选区"命令，如图9-101所示。

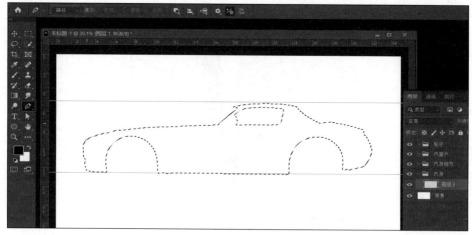

图9-101

03 为车身上底色，在菜单栏中选择"编辑"→"填充"命令，填充颜色值为R：171、G：0、B：114，按Ctrl+D组合键取消选区，如图9-102所示。

04 画出车身轮廓部分的反光。新建一个图层，单击"钢笔工具" ，在属性栏中选择"路径"，并结合"直接选择工具" 调整反光形状，如图9-103所示。

图9-102   图9-103

05 右击，在弹出的快捷菜单中选择"建立选区"命令，接着选择"编辑"→"填充"命令，将选区填充为白色，如图9-104所示。

06 在"图层"面板中单击制作的反光图层。按Ctrl+J组合键复制图层，并把复制的图层拖到原来的反光图层下方。按住Ctrl键的同时单击复制的反光图层让其显示选区，再将其填充为亮紫色，最后选择"滤镜"→"模糊"→"高斯模糊"命令添加模糊效果，如图9-105所示。

图9-104   图9-105

07 在反光图层上单击"添加图层蒙版"按钮 为其添加蒙版，接着单击"渐变工具" ，选择"黑色到透明的渐变"，设置从黑色到透明的渐变，让反光部分呈现出柔和的过渡效果，如图9-106所示。

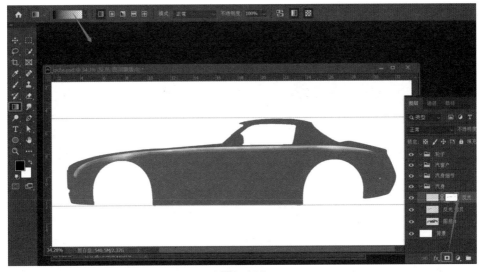

图9-106

08 制作车身中间的反光部分。新建一个图层，单击"钢笔工具" ，画出图9-107所示形状。

09 在画好的路径上右击，在弹出的快捷菜单中选择"建立选区"命令，填充为白色，再为其"添加图层蒙版" ，单击"画笔工具" ，并用黑色画笔涂抹，让反光的过渡能够呈现出相应颜色，效果如图9-108所示。

图9-107   图9-108

10 用上述方法制作车身其余反光效果，如图9-109所示。

11 用上述方法制作车身暗部效果，再画出车身的分模线与细节。新建一个图层，单击"钢笔工具" ，在属性栏中选择"路径"，画出图9-110所示的形状。

图9-109   图9-110

12 单击工具栏中的"画笔工具" ，在属性栏中调节好画笔，"大小"为6像素，"颜色"为黑色。再单击"钢笔工具" ，并右击，在弹出的快捷菜单中选择"描边路径"命令，效果如图9-111所示。

图9-111

13　按Ctrl+J组合键复制步骤（12）的图层，用来制作分模线的亮部。按住Ctrl键的同时再单击复制图层缩略图，出现选区。选择"编辑"→"填充"命令，将选区填充为亮紫色，如图9-112所示。

14　用上述方法完成车身分模线和细节的制作，效果如图9-113所示。

图9-112　　　　　　　　　　　　　　　　　图9-113

15　制作车窗户部分。在汽窗户组新建一个图层，单击"钢笔工具"，在属性栏中选择"路径"，画出窗户形状，按Ctrl+Enter组合键建立选区，选择"渐变填充"命令，设置从白色到灰色的渐变填充，效果如图9-114所示。

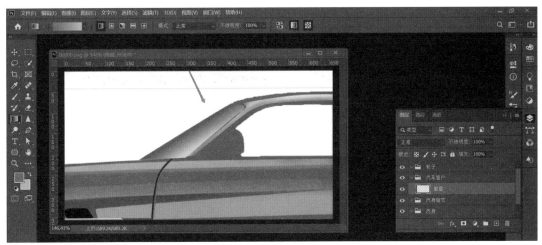

图9-114

16　用上述方法将剩下的车窗做完，效果如图9-115所示。

17　画车轮子部分。在轮子组里新建一个图层，单击"椭圆选框工具"，按住Shift键，拖动光标建立圆选区形状，并填充为灰色，如图9-116所示。

图9-115　　　　　　　　　　　　　　　　　图9-116

18　按Ctrl+J组合键复制轮胎图层，再按Ctrl+T组合键（自由变换），接着按住Alt键以圆心为中心缩小图层。按住Ctrl键单击缩略图建立选区并填充颜色，用此方法制作多个不同颜色的同心圆，效果如图9-117所示。

19 制作轮毂部分。新建一个图层，单击"钢笔工具" ，在属性栏中选择"路径"，画出外部形状后再填充灰色渐变，此处细节较多，需综合运用"减淡工具" 与"加深工具" 画出光影效果，如图9-118所示。

图9-117   图9-118

20 前轮制作好后合并前轮图层，按Ctrl+J组合键复制前轮图层，再移动到后轮位置，如图9-119所示。

21 制作车的阴影效果。新建图层，单击"椭圆选框工具" ，建立一个椭圆形选区，在菜单栏中选择"编辑"→"填充"命令，为选区填充黑色，如图9-120所示。

图9-119   图9-120

22 在菜单栏中选择"滤镜"→"模糊"→"高斯模糊"命令，对阴影进行模糊处理，最终效果如图9-121所示。

图9-121